人类命运共同体
与应对全球气候变化研究

王瑞彬 著

图书在版编目(CIP)数据

人类命运共同体与应对全球气候变化研究 / 王瑞彬著. —北京：首都师范大学出版社，2022.4

ISBN 978-7-5656-6976-7

Ⅰ. ①人… Ⅱ. ①王… Ⅲ. ①气候变化-治理-国际合作-研究 Ⅳ. ①P467

中国版本图书馆 CIP 数据核字(2022)第 064935 号

RENLEI MINGYUN GONGTONGTI YU YINGDUI QUANQIU QIHOU BIANHUA YANJIU

人类命运共同体与应对全球气候变化研究

王瑞彬 著

责任编辑 李佳艺

首都师范大学出版社出版发行

地 址 北京西三环北路 105 号

邮 编 100048

电 话 68418523(总编室) 68982468(发行部)

网 址 http://cnupn.cnu.edu.cn

印 刷 北京建宏印刷有限公司

经 销 全国新华书店

版 次 2022 年 4 月第 1 版

印 次 2022 年 4 月第 1 次印刷

开 本 787mm×1092mm 1/16

印 张 10.75

字 数 151 千

定 价 35.00 元

版权所有 违者必究

如有质量问题 请与出版社联系退换

前言

气候变化是人类共同面临的全球性问题。气候危机，究其实质是人类文明的危机。从人类文明发展历程来看，气候变化带来的影响深刻地改变了人类社会的生活、生产方式。2015 年 11 月 30 日，国家主席习近平在巴黎出席气候变化大会开幕式，并发表了题为《携手构建合作共赢、公平合理的气候变化治理机制》的重要讲话，深刻阐释了以人类命运共同体理念推动全球气候治理，为深入研究应对全球气候变化提供了根本遵循。

20 世纪 70 年代，随着关于全球气候变暖科学研究的深入，气候变化问题逐步进入全球政治与发展议程。以《联合国气候变化框架公约》的达成为标志，国际气候合作进程正式启动。五十多年来，虽历经曲折，但仍不断前行。从《京都议定书》到《巴黎协定》，全球气候治理理念和实践正在发生转变，迫切需要国际社会通力合作、主要经济体着力推动以寻求解决之道。但是，某些西方国家仗着自己的实力，冒天下之大不韪，以零和导向的博弈思维挑战唯有合作共赢才有意义的全球性福利议题，导致国际气候合作频频面临困局。特别是 2007—2009 年世界金融危机以来，国际社会在世界历史的激荡中变化，冷战后的国际格局面临新的挑战，主要经济体在全球治理体系中的地位、相互关系、影响力等也在发生变化。与之相应，全球气候治理体系在效率、公平等方面的痼疾、弊端日益突显。国际气候合作进程的推进与时代发展的要求越来越不相称。同时，中国与世界关系发生了历史性转变。中国改革开放四十多年来，创造了世所罕见的经济快速发展奇迹和社会长期稳定奇迹，已经不可逆转地走向世界舞台的中央，引领全球治理体系改革向着公平正义方向发展，成为世界和平与发展的重要力量。

“安危不贰其志，险易不革其心。”当下，世界之变、时代之变、历史之变正以前所未有的方式展开。人类命运共同体理念回答了关于“建设一个什么样的世界、如何建设这个世界”这一重大时代命题，将以其科学性、时代性、创新性和实践性特质，有力促进国际社会普遍而深入的合作，为全球治理创造和提供急需的公共物品，促进人自由而全面的发展。从本质上看，人类命运共同体本身就是集理念设计和制度架构为一体的，具有合作属性、发展属性的全球公共产品。国际气候合作机制正是人类命运共同体在气候治理领域的具体而生动的实践。为有效应对气候变化这样的全球性问题，破解长期困扰国际合作的“囚徒困境”，改革和完善国际气候合作机制，从根本上消除气候治理赤字，正须以人类命运共同体理念作为科学的理论和方法论指引。中国深度参与并积极推动全球气候治理体系改革是推动构建人类命运共同体的重要实践，构建全球应对气候变化共同体成为引领全球气候治理的中国倡议与中国方案。

政府间气候变化专门委员会最新评估报告再次发出警告，除非立即、迅速和大规模地减少温室气体排放，否则《巴黎协定》中关于将升温限制在接近 1.5℃ 或甚至是 2℃的目标将是无法实现的。

国际社会期待在减少温室气体排放、确保能源安全、增进人类福祉等方面实现根本性突破。低碳经济是应对挑战、把握机遇，从根本上促进国家创新和发展，迈向生态文明的战略之选。中国正努力促进国家增长方式实现绿色转型，走低碳经济道路，建设资源节约型、环境友好型社会，为经济与社会的快速、健康、可持续发展而奋斗。同时，中国发挥历史主动精神，推进新时代中国特色大国外交，不断提出具有感召力、影响力、塑造力的中国倡议、中国方案，积极参与、引领全球气候治理体系变革。中国作为负责任的大国已将“力争 2030 年前实现碳达峰、2060 年前实现碳中和”作为庄严承诺，纳入国家自主贡献方案并提交联合国。

“人类经历了原始文明、农业文明、工业文明，生态文明是工业文明发展到一定阶段的产物”。生态文明是工业文明的延续，但又在其基础上实现了飞跃，成为更高一级的新型文明形态。为破解当前全球气候变化治理面临的困境，亟待与国际社会一道培育和强化生态文明意识，从携手共建生态文明的高度认识和推动国际气候合作进程，构建全球应对气候变化共同体。

目　录

第一章　认识气候变化

气候是人类赖以生存的地球自然环境的组成部分，其任何变化都将对生态系统、人类社会产生重大影响。18 世纪以来，越来越多的科学研究证实，我们身边的气候正在发生变化。据联合国政府间气候变化专门委员会(IPCC)发布的最新评估报告，气候变化范围广泛、速度迅速并不断加剧，“观测到的许多气候变化是几千年甚至几十万年来前所未有的，而一些已经开始的变化(如持续的海平面上升)在数百年到数千年内是不可逆转的”。当然，并不是所有的人都同意这些变化是由全球变暖所引起的。但是，如果有可能，人们还是应该去了解与人类繁衍生息、文明进步密不可分的气候环境。

第一节　全球变暖与气候变化

一、全球变暖说的兴起

一年一度的联合国气候大会，特别是 2009 年冬天在北欧丹麦首都哥本哈根召开的第十五次大会，让世界各地的民众认真地关注自己身边的“气候”，思考这种变化可能给自己的生活带来的影响。

所谓气候是指特定地区常年的平均天气状况及变化特征。在生活中，我们经常会谈论到一个地区或者区域的气候。比如，黑龙江的冬天寒冷而多雪，海南岛一年四季温暖而湿润。而整个地球在一个较长时期的平均天气状况则称之为全球气候。影响、塑造全球气候的有大气、水、岩石与生物等不同圈层，这些圈层之间相互作用，构成了一个开放而复杂的全球气候系统。自然因素和人类活动都会作用于这个系统，致使它发生改变，也就是所谓的气候变化。但是，根据《联合国气候变化框架公约》(The United Nations Framework Convention on Climate Change，UNFCCC，简称《公约》)，气候变化主要是指“经过相当一段时间的观察，在自然气候变化之外由人类活动直接或间接地改变全球大气组成所导致的气候改变”。可以看到，为当前国际社会所关注的首先是由人类活动因素所引发的气候变化及其影响。

讨论气候变化问题必须从“温室效应”和“全球变暖”说起。“全球变暖是自前工业化时期(1850—1900 年)以来由于人类活动(主要是化石燃料燃烧)而观察到的地球气候系统的长期升温，这增加了地球大气中吸热温室气体的水平”。[①]

“全球变暖”说可以说是欧洲科学家在对冰期成因进行研究时的副产品。19 世纪，科学家们发现地球大气中二氧化碳等气体可以引发“温室效应”，低浓度的二氧化碳水平与冰川世纪形成之间存在某种联系。

19 世纪起，各国科学家们即关注地球大气温度变化问题。但是，直至 20 世纪上半叶，关于全球变暖现象及人类活动对地球气候影响的研究工作尚不成体系。但是，随着世界各国科学家的共同努力，关于全球变暖确定性的科学共识越来越广泛，全球气候变化问题逐步进入民众视野和全球政治与发展议程。

19 世纪二三十年代，法国数学家和物理学家让·巴普蒂斯·约瑟夫·傅立叶(Jean Baptiste Joseph Fourier)认识到，大气层以某种方式保留了热辐射，地球的自然进程和人类活动将导致地球大气热量的变化，并对这一现象进行了生动的描述。他将地球大气中的水蒸气、二氧化碳、甲烷等比作植物温室的那层玻璃，一方面它们使太阳辐射得以穿过，另一方面阻挡热量向外散逸。温室气体在大气中的体积不及 1%，但是却在调节地球温度方面发挥着举足轻重的作用。正是由于“温室效应”，地球的平均表面温度才得以保持在 15℃左右，形成适宜动植物生长的生态环境，

① Overview：Weather，Global Warming，and Climate Change，https：//climate.nasa.gov/resources/global-warming-vs-climate-change.

生机盎然。

1856 年，美国科学家、女权主义者尤尼斯·富特(Eunice N. Foote)的论文《影响太阳光线热量的环境》(Circumstances Affecting the Heat of the Sun's Rays)在美国科学促进会（AAAS）会议上发表，公布了全球首次对二氧化碳、潮湿空气等不同气体吸热能力进行试验的过程和结果，发现二氧化碳吸收太阳辐射能力最强，并进一步推断，如果大气中二氧化碳占比更高，其自身作用及重量的增加不可避免会导致地球气温升高。富特的开创性工作或是世界第一个证明温室气体存在的科学研究。

三年后，英国科学家约翰·丁达尔(John Tyndall)在对氮、氧、二氧化碳、臭氧、甲烷等气体及水蒸气的红外吸收能力研究的基础上，提出温室气体浓度变化将导致气候改变。

1896 年，瑞典化学家斯万特·阿伦尼乌斯(Svante Arrhenius)发表了关于论文《大气中二氧化碳对地球温度的影响》，认为燃烧化石燃料将导致全球变暖现象加剧，并首次提出“温室效应”模型，据此推算如大气中二氧化碳含量减半将会使地球进入新冰河时代。若二氧化碳含量增加一倍，地球温度将升高 5～6℃。

1901 年，瑞典气象学家尼尔斯·埃克霍尔姆(Nils Ekholm)开始使用“温室”一词描述地球大气中热量存储与再辐射。而英国的蒸汽工程师和气象学家 G. S. 卡兰达尔(G. S. Callendar)更是在 1938—1964 年间发表了一系列论文，对二者关系加以全面阐述，指出人类生产活动致使二氧化碳浓度升高，由此导致地球气候变暖，从而告别酷寒难耐的冰川世纪。

但是，直至 20 世纪中期，“全球变暖”说的观点和论据多被科学界视为一种假设和推测而频受质疑。正是在不断的质疑声中，关于“全球变暖”问题的研究趋于深化。二战后，世界陷入冷战状态。这一大背景为推动该问题的研究取得飞跃式成果提供了重大机遇。出于对大气和海洋变化规律的高度兴趣，美国等西方各国政府军方的相关资助力度大大加强，研究技术和方法得到进一步完善，成果丰硕。对于出现全球变暖可能性的突破性研究工作体现在直观展示地球大气中二氧化碳浓度上升的“基林曲线”。1958年3月，美国加利福尼亚大学圣地亚哥分校斯克里普斯海洋研究所(Scripps Institution of Oceanography，SIO)的查尔斯·大卫·基林(Charles David Keeling) 开始持续测量南极洲和夏威夷莫纳罗亚(Mauna Loa)大气中二氧化碳浓度的变化。60年代，因支持资金来源出现问题，监测工作曾有短时中断。之后，南极监测站工作未再恢复，而莫纳罗亚天文台的监测、研究活动则持续至今。统计数据清晰地表明，从观测站记录工作开始的1957年至基林告别人世的2005年，大气中二氧化碳的浓度已经从315ppmv上升到378ppmv。[①] 以基林为首的研究团队在世界上第一次以确凿的数据证实，大气中二氧化碳的浓度正在持续迅速攀升。这条“基林曲线”说明，由于“温室效应”而导致全球变暖的可能性确实存在。1963年，基林等人在《大气中二氧化碳含量升高的影响》(*Implications of Rising Carbon Dioxide Content of the Atmosphere*)会议论文集中称，地球大气中的二氧化碳主要来自人类燃烧化石燃料，如果其浓度翻番，将导致全球温度上升4℃，联邦政府需予以关注。[②] 至今，“基林曲线”仍是研究全球二氧化碳积聚动态变化的重要观测数据来源。

同时，来自气象、海洋、生物、天文、地质等领域的科学家也从不同角度、运用不同技术手段加入到对这一课题的研究中。

冰川运动、植被改变、海平面升降等都留下了气候变化的“脚印”。科学家在南极地区、格陵兰岛等地采取冰芯样品，晶莹剔透的冰芯中细小的气泡包裹着久远年代大气成分细微变化的信息。科学家对不同年代冰芯气泡中二氧化碳等温室气体的变化情况进行分析，再对照检测氧、氮的同位素。结果表明，大气中温室气体的含量与同期地球表面平均温度之间存在密切关联。大型计算机、气象卫星遥感等最先进的技术及设备得到运用，尝试构建有助于揭示地球气候变化物理、化学动因的大气环流、海洋洋流等模型。20世纪60年代初至80年代末，以美国日裔气

---

① After Two Large Annual Gains, Rate of Atmospheric CO_2 Increase Returns to Average, NOAA Reports, http://www.noaanews.noaa.gov/stories2005/s2412.htm.

② Noel D Eichhorn; Conservation Foundation., Implications of rising carbon dioxide content of the atmosphere: A statement of trends and implications of carbon dioxide research reviewed at a conference of scientists, New York, 1963. https://babel.hathitrust.org/cgi/pt?id=mdp.39015004619030&view=1up&seq=14.

象学家真锅淑郎等为核心的美国国家海洋和大气管理局（NOAA）地球物理流体动力学实验室构建起全球第一个纳入了海洋和大气过程的大气-海洋-陆地耦合系统气象模型，可预测海洋环流、大气环流等自然因素的相互作用及其对地球气候的影响。这一综合气候模型仍在不断完善，是模拟全球变暖、研究气候科学的有力工具，被称为“真锅模型”。通过模型推演，真锅等进一步证明温室气体排放累积与气候变化之间的相关性。人类活动使大气中二氧化碳浓度增加，并导致地球平均温度上升。①

温室气体有两大来源：自然来源和人类活动排放来源。自然界中的温室气体主要有二氧化碳、水蒸气、甲烷、臭氧、氧化亚氮等。在很长的历史时期，地球上温室气体主要来自自然界。那么，温室气体含量上升仅仅是自然因素导致的结果吗？1750 年，从欧洲、北美开始，人类社会进入工业化发展阶段，越来越依赖煤炭、石油等化石燃料以满足工业、交通和生活上的需要，导致大气中的二氧化碳等含量不断增加，“温室效应”显著增强。据测算，几个世纪以来，人类向大气中排放的二氧化碳高达 1600 亿吨，占当前地球大气层中二氧化碳总含量的 30%以上。温室气体排放量持续增长加剧了全球平均气温升高的趋势。根据经世界气象组织整合的 6 个主要国际数据集，2021 年仍是有记录以来最暖的 7 个年份之一。2021 年的全球平均气温比工业化前（1850—1900 年）水平约高出了 1.11（±0.13）℃。

人类在生产、生活中通过燃烧等活动释放出大量的烟雾、尘埃等污染物。这些污染物以液态或固态微粒形式悬浮在大气中，也成为水滴或冰晶的凝结核，形成气溶胶。尤其是其中的硫化物、黑炭气溶胶等可以明显减弱太阳辐射，降低局部大气温度，改变降水状况。

森林砍伐、植被破坏等土地利用方式的改变会导致温室气体排放源、碳汇能力和地表反照率等发生改变，从而影响气候变化。印度尼西亚的热带雨林总面积约 8850 万公顷，约占全球雨林总面积的 10%。仅次于南

---

① Assessing Temperature Pattern Projections made in 1989，https：//www.nature.com/articles/nclimate3224.

美洲的热带雨林及非洲的刚果雨林，排名第三。由于造纸工业等发展，近年来印度尼西亚森林面积以每年约70万公顷的速率锐减，导致其一度迅速飙升为世界第三大温室气体排放国。

政府间气候变化专门委员会在发布的第四次评估报告中肯定指出，自工业革命以来，人类活动的确导致大气中二氧化碳浓度、甲烷浓度等明显增加。石油燃料的燃烧、土地利用方式的改变主要导致二氧化碳浓度的增加，而农业则是氧化亚氮等浓度增加的主要原因。这里的“很可能”意谓其可关联性在90%以上。

所以，可以说人类为提高生活质量，从事生产劳动时大量排放二氧化碳等温室气体与气候变化之间存在着显著的正相关关系。1750年以后，人类生产、生活等活动的净效果是全球变暖的主要原因。但是，必须看到，人类影响气候变化的方式、效果是极其复杂的，有的导致升温，有的引起寒冷，有的增加湿度，有的造成干旱。这些影响相互交叉，并与自然因素相互作用。所以，对于人类因素影响气候变化效果的研究是一个长期的过程。

二、气候变化及其影响

全球变暖所带来的气候变化正深刻地改变着地球动植物赖以生存的生态环境，并进而影响人类社会的发展。这些变化使人们深受震撼，例如近年来在世界各地频频出现的飓风、干旱、洪灾等极端天气现象。而有些则是潜移默化，“润物无声”，像海平面的悄然上升、喜马拉雅冰川的逐渐消融。

海平面持续上升。在20世纪，由于冰川融化等原因，海平面上升大约15厘米。据预测，照此趋势，在21世纪，海平面还将上升59厘米，将严重威胁到沿海地区和人口，湿地及珊瑚礁。据澳大利亚气候委员会发布的题为《关键的十年》的研究报告称，自从20世纪90年代初以来，澳大利亚的海平面每年都上升几毫米，在西澳和远北地区海平面上升的年最高纪录达到8毫米。悉尼的海平面上升速度相对小些，平均每年为1.8毫米。不过，微小的海平面上升却能对潮汐和风暴的发生有很大的影响，澳大利亚对此将耗费630亿澳元用于基础建设和住房迁址。

北极海冰消融。漂浮的巨大海冰成为北极地区壮观的独特景观。北极海冰不仅是北极熊、海豹等北极动物生息的家园，还具有调节北冰洋海域温度的功能。美国国家冰雪数据研究中心(NSIDC)的最新研究报告数据称，自1979年开始对北极海冰进行卫星监测以来，其历史同期面积以每十年3.3%的速度递减。2011年1月，北极海冰面积仅有1355万平方公里，缩减至有卫星监测记录以来的历史同期最低水平。目前，在北极地区，夏季海冰厚度仅及20世纪50年代的一半。海冰融化成水势必改变了海水资源的循环，加快了北极地区的暖化进程。

冰川和永久冻土带的融化速度加快。在整个20世纪里，世界各地的冰川都有所萎缩，永久冻土带的面积也有所缩减。除了大家熟知的喜马拉雅冰川、格陵兰冰盖以外，中国天山乌鲁木齐河源区的天山一号等冰川冻土也在不断退化。2019年，天山一号冰川的东、西支末端分别退缩9.3米和4.9米，其中东支退缩速率继2018年后再次创下新的观测纪录。

海面温度上升。在过去几十年里，海水温度上升加剧珊瑚群白化，已经导致大约四分之一的浅海珊瑚礁消亡。二氧化碳溶解在海洋中，使得海水酸化，会对珊瑚礁及其他海洋生物造成影响。

陆地湖泊水温上升。世界各地的较大湖泊温度上升较快，导致藻华，有利于外来物种入侵。湖泊分层增加，水位下降。生态系统会遭到破坏。美国国家航空航天局(NASA)曾通过卫星测量了世界上167个湖泊的表面温度。2010年，首次公布研究结果，发现每十年湖面的温度平均增加0.81华氏度，其中一些升高了1.8华氏度。

地球平均气温升高还将改变各地区的天气、四季规律及生长季的长度。某些动植物将被迫改变分布情况或迁徙，以寻求适宜生存的环境。但是，气候变化之迅速或许将远远超过动植物的适应能力。有科学家们预计，如果不对温室气体排放采取遏制措施，至2050年，或许将有四分之一的动植物难逃灭顶之灾。

温度增高会加快地表、空气中水分的蒸发速度，某些地区会变得更加干旱，发生极热天气的频率增加。而有些地区则降雨量增加，甚至引发洪灾。飓风发生的频率和强度也将会改变。有证据表明，20 世纪 70 年代以来，在大西洋上发生飓风的次数正在增加。

气候变化对人类及全球安全的影响或许将超过人们当前所做的设想与评估。由其引发的一系列社会与经济问题将会导致在不同地区出现粮食危机、经济衰退、人口迁徙、社会结构改变等。所有这些都会蕴含着巨大的风险。据联合国难民署统计，在过去十年中，与天气有关的危机引发的流离失所人数是冲突和暴力引发流离失所人数的两倍多。自 2010 年以来，平均每年有大约 2150 万人因天气紧急情况而被迫迁移。大约 90%的难民来自最脆弱和最没有准备好适应气候变化影响的国家。全球气候移民的热点地区包括东亚、南亚、东非、中非、中美洲等。气候变化同时会加剧用水危机、病菌扩散等。

气候变化对发展中国家，尤其是最不发达国家的威胁尤为严重。它们中大多数不仅是自然地理条件相对恶劣，更重要的是，它们的经济基础薄弱，生产力低下，基础设施不足，适应气候变化的能力极为脆弱。据乐施会(Oxfam)的最新研究，在未来十年，气候变化将会导致食品价格翻番，使得数百万人陷入饥馑。这样的粮食危机最先侵袭的无疑是那些最不发达的非洲国家、小岛国等。

值得思考的是，气候变化的负面影响具有强烈的溢出效应，会由适应气候变化能力最为脆弱的国家和地区扩散开来，成为地区以至全球经济增长、社会发展、政治稳定的障碍或威胁。目前的现实是，发达国家长期以来形成的高能耗生产和消费方式将难以在短期内发生根本性改变，而众多发展中国家和地区也正努力挤上快速工业化的“列车”。人们对煤、石油、天然气的“胃口”越来越大，电厂林立、车流滚滚、毁林开荒等景象在短期内也同样难以得到改观。所以，如果国际社会不立即采取有效行动，气候变化将导致人类发展史上的巨大倒退。遗憾的是，机会似乎正在从人们手中一点一点地溜走。就在国际社会为了责任的分担吵得不可开交的时候，全球与能源相关的温室气体排放量已经从 1990 年的约

227 亿吨快速增长至 2020 年的 340 亿吨以上。[①] 过去几年，排放增长放缓，但尚未达到峰值。“为确保我们仍有机会将全球升温幅度控制在 1.5℃范围内，我们需要在未来八年内将温室气体排放量几乎减半”。[②]

第二节 气候变化的确定性问题

一、激辩“气候门”

2009 年 11 月 27 日，就在联合国哥本哈根气候大会召开前夕，一伙不明身份的黑客侵入东英吉利大学气候研究中心的邮件服务器，窃取了中心负责人菲尔·琼斯等人的一千多封邮件及三千多份文件，并将其首先发布在一个以质疑气候变化论真实性为宗旨的博客上。一时之间，世界舆论为之哗然。这些不明身份的“入侵者”试图以这些文件说明，当前联合国所主导的气候变化议题只不过是一个伪命题。在其背后有强大的利益集团，借各国政府及人民对环境、能源及气候变化议题的关注，刻意操纵研究数据，营造全球变暖加剧的假象，催生人们的恐慌心理，借机谋取私利。

东英吉利大学随即作出回应，指责窃取文件者以偏概全、断章取义，意在动摇人类活动正在影响全球气候变化这一结论。该研究中心是世界上最早的气候变化研究机构，在许多领域成果斐然，居于同类机构前列。为调查事实真相并维护学校及中心声誉，东英吉利大学委托成立了由格拉斯哥大学校长缪尔·拉塞尔（Muir Russell）爵士领衔的独立调查小组。在半年多时间里，该小组先后发布三次调查报告。报告首先肯定气候研究中心的科学家学术诚实“没有问题”，并称未曾发现可能影响政府间气候变化专门委员会报告准确性的证据。但同时报告也指出，相关研究人员对所属研究领域的工作进展情况态度保守，在数据使用方面存在瑕疵。

一波未平一波又起，“气候门”效应继续扩大。就在哥本哈根气候大

---

① CO_2 emissions，https：//ourworldindata. org/co2-emissions.

② Emissions Gap Report 2021，https：//www. unep. org/resources/emissions-gap-report-2021.

会召开前后，西方媒体批评政府间气候变化专门委员会第四次评估报告在喜马拉雅冰川消融速度、非洲作物产量等多处出现错误及瑕疵。一百多位科学家联名向联合国秘书长发出公开信，对人类活动导致气候变化的结论提出质疑。

2020 年，联合国在全球发起一项民意调查，受访者涉及 50 个国家，达 120 万人，是有史以来规模最大的气候变化公众舆论调查，支持气候变化正在发生的人数较以往大幅的上升，但是仍有三分之一的人不认为气候变化是“全球紧急情况”。①

怀疑派认为类似“气候门”事件充分说明，当前的气候变暖说并不具备坚实的科学基础，以此假设为前提展开的国际气候谈判不过是惊天骗局。气候变化科学研究与技术发展方面的不确定性成为“怀疑论”者拒绝采取气候行动的重要理由之一。所谓不确定性可以理解为信息的不充分，或者是有关各方对于特定信息尚无法达成一致认识。

长期以来，科学界和公共政策研究者对于气候变化问题不确定性的认识也存在分野，主要有以下几类观点。

1. 全球变暖并非因人类活动导致，而是地球及大气系统自然演变的结果。持此观点的科学家人数众多，如特拉华大学气候研究中心教授戴维·里盖特(David Legate)认为，“几乎所有 20 世纪的暖化问题都发生在 20 世纪 40 年代以前，自然变化因素可以解释几乎所有的暖化现象”。阿拉巴马大学的罗伊·斯潘塞(Roy Spencer)称，“绝大多数观察到的气候变化现象都是自然结果，人类的作用极其微弱”。美国太空总署顾问委员会主席哈里森·施密特(Harrison Schmitt)表示，“和自然效应相比，人类效应并不重要”。原威斯康星大学麦迪逊分校的大气与海洋学家雷德·布莱森(Reid Bryson)发现，全球变暖“在 19 世纪初期就已经开始了，那是因为我们正在告别一个小冰河期，而并不是我们排放了更多的二氧化碳进入大气”。

2. 政府间气候变化专门委员会评估报告的分析与结论缺乏科学的严

① The Peoples' Climate Vote，https：//www. undp. org/library/peoples-climate-vote.

谨性和准确性。世界科学家联合会主席、核物理学家安东尼奥·尼奇其(Antonino Nichichi)指出，从科学的观点看，政府间气候变化专门委员会所依据的气候变化评估模式缺乏内在一致性，因而是无效的。

3. 造成全球变暖现象的原因尚未明确。如美国阿拉莫斯实验室的空间与遥感学家皮特·奇莱克(Pteer Chylek)认为，气候变化到底是由于二氧化碳积聚、太阳活动还是气候的自然变化引起，目前并不清楚。

4. 全球变暖也会为人类社会带来益处。亚利桑那州立大学的克雷格·艾德索(Craig Idso)称，大气中二氧化碳含量上升会极大地促进全球农作物产量增长。

5. 气候变化根本不曾发生等。正如美国前任总统特朗普所言，气候变化就是一场“骗局”。在这一观点下，又进而衍生一系列“阴谋论”说法，比如宣扬气候变化是可再生能源、核能等利益集团所为。

这些批评和质疑至今仍在继续，在以美国科赫工业、埃克森美孚等为代表的企业、机构的赞助与支持下，气候变化怀疑论者和否定者一直在以不同的形式集结力量。每年联合国气候大会召开之际也都会激起一波争论。面对气候变化这一全球性议题，不同观点之间发生碰撞是正常的，也是科学家们为人类社会前途、命运担忧的责任感使然。但是，气候变化问题不仅仅是一个科学问题，更重要的它还是具有社会、经济、政治多维度的综合性问题。围绕气候变化不确定性的科学争论可以永无休止地进行下去，而各国及国际气候合作政策的制定与实施不能因存在争论而束手而立。面对不断增加的大量支持全球变暖结论的科学研究结果，人们恐也难以承受完全“不行动”所将付出的代价。

二、无悔政策

上文所述，气候变化怀疑论者的前四种观点都承认气候变化客观存在。基于对气候变化科学真实性的承认，大量的气候政策研究更为关注气候变化不确定性的另一层面，即气候变化可能导致经济与社会方面的后果以及减缓和适应气候变化成本的不确定性。气候变化的速度以及因此而引发的潜在影响甚巨，其中包括海平面上升、海洋洋流的变化、极端气候事件发生频率增高以及人类生活方式的改变等。对于这些变化的认识仍然存在着不确定性。对此问题的不同评估使得在气候变化问题方面难以获致共识。而且限制温室气体排放的成本也同样存在诸多的不确定性。著名的气候变化怀疑论者布乔恩·隆伯格(Bjorn Lomborg)先后出版了《质疑环境主义者》[①]和《冷却》[②]，指出了当前对全球变暖认识的局限性和并质疑京都机制等既有国际应对气候变化行动的有效性，影响甚广。

事实上，不确定性问题普遍存在于各个学科领域。对于气候变化的规模、原因和影响的进一步认识理当继续进行。但是现实情势的紧迫感也在推动人们采取具体的行动。决策者不能以等待所谓问题的完全"明确"作为行动的先决条件。因为常常是在行动之后问题才变得明晰。国际社会易于在应对气候变化问题上达成一致的就是遵循所谓风险"预警原则"。这一原则使得不确定性不成为减缓环境问题行动的障碍。该原则来自于1992年的《里约热内卢环境与发展宣言》，"当有严重且不可逆转的损害发生的时候，缺乏充分的科学确定性不应该成为推迟成本-效益措施，以防止环境恶化的理由"。所以，尽管科学界等仍然在气候变化的影响等方面存在分歧，但是"其可能造成破坏的强度以及对当代和未来人类的福祉构成的风险似乎是充分到应该采取强有力的预警行动"。气候变化问题必须从风险的角度来看。它不仅是一个通常的科学问题，而且是风险管理的政策问题。斯考特·卡兰(Scott J. Callan)指出，在环境政策决策时实施风险管理需要考虑的关键性因素包括"确定风险水平、采纳政策的社会收益和执行政策的关联成本"，具体战略包括"比较风险分析、风险收益分析、成本收益分析"。[③]

在环境政治领域，不确定性问题变得尤为复杂。这是因为政治的不确定性与科学的不确定性问题在此交织在一起。就美国的气候政策领域

---

① Bjorn Lomborg. *The Skeptical Environmentalist*: *Measuring the Real State of the World*. London: Cambridge University Press, 2001.

② Bjorn Lomborg. *Cool It*: *The Skeptical Environmentalist's Guide to Global Warming*. New York: Vintage Books, 2008.

③ 斯考特·卡兰等:《环境经济学与环境管理：理论、政策和应用》，李建民等译，北京：清华大学出版社，2006年版，第125页。

而言，这一论断再次得到证明。2007年12月，《布什政府对气候变化科学问题的政治干预》(Political Interference with Climate Change Science-under the Bush Administration)发布。报告指出，长期以来，布什政府通过有目的的系统性行动操纵气候变化科学研究及结果，并在全球变暖的危险性问题上误导决策者和公众。比如，美国政府环境质量委员会官员曾对政府《美国气候变化科学计划战略规划》(Strategic Plan for the U.S. Climate Change Science Program)报告进行了294次编辑，目的是夸大或突出气候变化的科学不确定性，低估或抹去人类在全球变暖中的作用。

尽管关于气候变化在科学、经济以及社会影响方面的确定性问题仍有争议。但是国际社会已经就此达成某些基本共识。2007年，哥本哈根气候大会之前，联合国气候变化政府间委员会发布题为《气候变化2007》(Climate Change 2007)的第四次评估报告，有力地推动了国家社会对气候变化问题性质及其严重性的认识，报告进一步明确“气候系统正在变暖是毋庸置疑的”，而且“20世纪中期以来，绝大多数观察到的平均气温上升很可能是由于可以观察到的人为造成的温室气体积聚导致”。美国国家海洋与大气署的研究表明，全球变暖的步伐正在加快，在过去的25年里已经达到了每个世纪上升2℃的速率。2021年，该机构发布的第六次评估报告明确发出警示称，人类活动正在引发气候变化，极端天气事件的频率与强度不断增加。除非立即采取更大规模的温室气体减排行动，否则《巴黎协定》(Paris Agreement)所设定的温升控制目标将无法实现。

长期以来，国际上大多数公共政策研究者对类似结论表示支持，赞同“气候变化确定无疑”的说法，认为当前的问题是如何适应并进而减缓其后果和影响。甚至明确指出，形势已相当严峻，即便现在能够采取一定措施减缓温度上升趋势，但也将“发生不可逆转的、或许是灾难性的变化”。面对种种科学结论和政治现实，世界上几乎所有政府都在事实上承认气候变化的真实性。所以，预防性的“无悔政策”或“低悔政策”应该说是一种理性的政策选择。许多科学上的不确定性观点来自于对于未来气候演变的电脑模拟，不能因之而放弃采取适应性和减缓性政策与行动。

所以，就结果来看，这次事件并未从根本上动摇正在进行中的国际气候变化谈判。但是，其应对气候变化的国际合作进程仍然具有重大影响。值得注意的是，它首次将原先主要集中于科学界的争论和分歧推向公众。气候变化的“确定派”与“怀疑派”都以此事件为契机，积极利用媒体等平台就相关问题展开正面交锋。在这一过程中，公众开始全面思考全球气候是否真的正在变暖、平均气温上升趋势是否由于人类活动引起等一系列问题。公众对气候变化问题的理性认知水平得到空前提高。人们对当前能源和资源消费方式提出质疑，对人类可持续发展的前景表示忧虑。人们透过“气候门”事件看到，由于应对气候变化深刻关涉各国经济、各产业等发展前景，各种利益集团深度卷入其间，正在其间保护、扩大其利益。面对“气候门”人们不再袖手以待、无所作为，以联合国为主导力量的国际社会正在寻求问题的解决之道。

第三节 气候变化与中国

改革开放四十多年来，中国经济成长迅速，年均增长率达 9%以上，发展成就举世瞩目。2021 年，中国经济总量为 114.4 万亿元，按年平均汇率折算，达 17.7 万亿美元，稳居世界第二位，占全球经济的比重预计超过 18%。从国家整体发展来看，已经进入工业化、城镇化的快车道，在社会转型的关键阶段，与应对气候变化相关的环境、生态、能源等压力日益突出。但是，压力之中蕴含机遇，顺利完成经济增长方式的转变，将会给国家未来的成长开拓出新的空间，形成以技术创新、资源节约、环境友好、生态文明为特征的新国际竞争力。

政府间气候变化专门委员会第四次评估报告明确指出，全球气候变暖主要是由人类生产和生活大量排放的二氧化碳、甲烷、氧化亚氮等温室气体的增温效应造成的。在全球变暖的大背景下，中国近一个世纪的气候也发生了明显变化。

根据《中国应对气候变化国家方案》，有关中国气候变化的主要观测事实包括：一是近百年来，中国年平均气温升高了 0.5～0.8℃，略高于同期全球增温平均值，近五十年变暖尤其明显。从地域分布看，西北、华北和东北地区气候变暖明显，长江以南地区变暖趋势不显著；从季节分布看，冬季增温最明显。1986—2005 年间，中国连续出现了 20 个全国性暖冬。二是近百年来，中国年均降水量变化趋势不显著，但区域降水变化波动较大。中国年平均降水量在 20 世纪 50 年代以后开始逐渐减少，平均每十年减少 2.9 毫米，但 1991 年到 2000 年略有增加。从地域分布看，华北大部分地区、西北东部和东北地区降水量明显减少，平均每十年减少 20～40 毫米，其中华北地区最为明显；华南与西南地区降水明显增加，平均每十年增加 20～60 毫米。三是近五十年来，中国主要极端天气与气候事件的频率和强度出现了明显变化。华北和东北地区干旱趋重，长江中下游地区和东南地区洪涝加重。1990 年以来，多数年份全国年降水量高于常年，出现南涝北旱的雨型，干旱和洪水灾害频繁发生。四是近五十年来，中国沿海海平面年平均上升速率为 2.5 毫米，略高于全球平均水平。五是中国山地冰川快速退缩，并有加速趋势。

中国未来的气候变暖趋势将进一步加剧。据 2020 年颁布的《中国应对气候变化国家方案》，中国科学家的预测结果表明：一是与 2000 年相比，2020 年中国年平均气温将升高 1.3～2.1℃，2050 年将升高 2.3～3.3℃。全国温度升高的幅度由南向北递增，西北和东北地区温度上升明显。到 2030 年，西北地区气温可能上升 1.9～2.3℃，西南可能上升 1.6～2.0℃，青藏高原可能上升 2.2～2.6℃。二是未来 50 年中国年平均降水量将呈增加趋势，到 2020 年，全国年平均降水量将增加 2%～3%，到 2050 年可能增加 5%～7%。其中东南沿海增幅最大。三是未来 100 年中国境内的极端天气与气候事件发生的频率可能性增加，将对经济社会发展和人们的生活产生很大影响。四是中国干旱区范围可能扩大、荒漠化可能性加重。五是中国沿海海平面仍将继续上升。六是青藏高原和天山冰川将加速退缩，一些小型冰川将消失。

气候变化问题对一个国家造成的经济、社会、环境等方面的影响将是广泛而复杂的。对于中国而言，以下三个方面的影响值得密切关注。

一、农业生产与粮食安全

中国只拥有世界耕地总面积的7%，而人口却占世界人口总数的18%。农业对国家稳定与发展的重要意义不言而喻。中国地域宽广，温度、水分、植被、土壤和地貌等生态环境因素复杂，非常容易受到气候变化的不利影响。这种影响所造成的后果不可低估。

在自然资源中，气候资源对农业生产起到直接制约作用，决定了农作物生长所需的光、热、水、空气等能量和物质状况，对产量、成熟期、品质以及病虫害的发生有直接影响。温度、湿度、光照等是影响农作物生产的主要气象因子。气候变化导致大气温度、湿度、降水、光照、土壤、病虫害情况等发生改变，从而影响农业生产类型、种植制度、布局结构等。当然这种影响会因为区域、季节等不同而有所差异。

研究表明，全球平均气温在过去100年间升高了0.74℃。与此同时，中国的平均气温升高了1.1℃。而且中国地表的平均温度上升趋势仍将延续，北方地区的温升幅度将大于南方。这样的温升幅度将导致极端气候和天气事件频率增加，使原有相对稳定的农业生产结构、病虫害发生规律、气象规律等发生改变。农业生产的不确定性大幅增加。据统计，近年来，中国农作物受灾面积和绝收面积均呈上升趋势，分别达到了5000万公顷和500万公顷。作为农业病虫害等生物灾害的多发和重发国家，每年中国因此所造成的粮食损失约4000万吨。大气平均温度持续变暖将会使中国南部、西南部等地区原有农作物适宜温度等环境条件发生改变，生长周期缩短，产量逐步减少。气候变化也正在影响中国的水循环过程和水资源分布与分配状况，农业灌溉等用水保障能力更为脆弱。中国农业因干旱导致受灾面积、粮食产量波动增加。据统计，近年来，每年受旱耕地面积约为2200多万公顷。而更值得注意的是，除了北方地区以外，人们印象中风调雨顺、物产丰富、有“鱼米之乡”之称的江苏、安徽、湖南、湖北、江西等长江中下游地区也时时遭遇严重旱情。鄱阳湖、洞庭湖、洪湖等大面积萎缩。不难想见，气候变化给中国农业生产及粮食安全所带来的威胁与挑战。

尽管有研究认为，在未来三四十年内，中国的粮食总产量仍将保持基本稳定。甚至从全国范围看，有些地区还会因二氧化碳增加的暖化效应而有所受益。但是，从长期来看，前景并不令人完全乐观。稻谷、小麦、玉米等重要农作物产量呈现波动趋势加剧，一直以来，农业及相关行业的生产者和管理者也在积极采取某些适应性措施。但是如果气候变化趋势得不到根本性减缓，或未雨绸缪，采取制定适应性行动规划，农业生产、流通、储备等环节面临的风险与挑战势必加大，未来粮食安全态势将越来越复杂和严峻。

二、能源安全与经济发展

中国战胜 1997 年、1998 年亚洲金融危机，加入世贸组织，经济发展内外环境全面改善，进入高速增长时期。同时，国家一次能源消费总量上升趋势显著。2000—2019 年，从 42.47 千兆英热单位(quadrillion btu)升至 151.6 千兆英热单位，年均增长率达 7.05%，预计至 2030 年左右可达到峰值。[①]

对中国而言，保持一个较高的经济增长速度是尽快实现工业化、城市化，减少和消除贫困，提高民众福利的必要条件。国际货币基金组织(IMF)认为，中国经济总量仍将是二十国集团中增长最快的。2020 年，中国城市化率约为 64%。城市化是一个长期的过程，预计还将继续提高到 70%～80%。据联合国统计，城市碳排放占碳排放总量的 75%。城市居住者的平均能源消耗要比乡村居民高 2.5～3 倍。虽然中国正在着力调整经济增长方式，但由于“富煤少油缺气”的自然能源资源禀赋，其一次能源消费结构中煤炭比例严重偏高的现状不可能在短期内发生根本性改变。

2020 年，世界一次能源消费构成中石油为 31.2 %、煤炭为 27.2%、天然气为 24.7%，而中国一次能源消费构成为煤炭 56.56%、石油

---

① China－Total primary energy consumption，https：//knoema.com/atlas/China/Primary－energy－consumption.

19.59%、天然气8.18%。[①] 据国际能源署(IEA)预计，至2030年，中国才能迎来煤炭消费峰值。2050年，煤炭在消费结构中的比例才有可能下降到约40%。目前，中国已经成为世界第一大石油进口国、第二大炼油国和石油消费国、第三大天然气消费国。自1993年中国成为石油净进口国以来，对进口原油资源的依存度连年上升。目前，原油对外依存度近70%，远远突破50%的国际警戒线。同时，天然气对外依存度已超过40%。据国际能源署统计数据显示，中国在2009年已超过美国，成为世界第一大能源消费国。

尽管水电、核能、风能等清洁能源以及天然气等在中国能源消费结构中的比重正在增长，但在很长一段时间内，中国能源结构的主力仍将是煤炭、石油等化石能源，而且消费量还将持续增长。2020—2021年冬春之交，中国局部地区遭遇用电问题，突出了安全、稳妥实现新旧能源体系转换的紧迫性、必要性。2020年，中国的温室气体排放量为106.7亿吨。目前，中国温室气体排放量增长距离达到峰值区间还有一段距离。

在这样的形势下，在应对气候变化的国际谈判中，中国政府面临的压力前所未有。在国内，需要考虑如何在继续保持经济较快增长的前提下，培育并促进绿色、低碳、可持续的发展模式，实现温室气体排放量或能耗强度下降。在国际上，需要考虑如何坚持"共同而有区别的责任"原则，切实履行发展中大国的责任，同时拒绝部分西方国家强加于人、无视发展中国家国情的无理要求。

三、国际贸易与企业竞争力

各国为兑现在各自国家自主贡献方案(National Determined Contributions)中的减排承诺，实现《巴黎协定》的温升控制目标，各国纷纷提出各自应对气候变化、降低温室气体排放量的目标。在《世界贸易组织协定》《联合国气候变化框架公约》等文件中都有相关环境条款，各国也正在采取多项国内气候政策与措施，国家间就未来国际气候合作机制在协商

---

① Primary Energy, https://www.bp.com/en/global/corporate/energy-economics/statistical-review-of-world-energy/primary-energy.html.

过程中也达成若干协议，所有这些都无疑将影响有关国家间的贸易格局和各自的国际竞争力。

改革开放以来，中国已经成为全球最大的货物贸易国、最大的商品出口国、第二大商品进口国。根据联合国商品贸易统计数据库和经合组织发布的国家间投入产出表测算，中国是全球最大的生产者，美国则是全球最大的消费者。2021 年，中国进出口规模首次突破 6 万亿美元。

在经济全球化加速的潮流下，在政府促进外向型经济发展政策鼓励下，许多中国企业融入全球产业链，走上了为跨国公司提供加工服务的道路。与此同时，中国积极吸引外商直接投资，建立独资、合资或合作企业。这些企业利用中国相对廉价的劳动力和原材料，加工和生产产品出口销售至全球市场，获取利润。中国已经成为最大的“世界工厂”。一方面，中国对全球价值链的参与度非常高，但总体上仍处于全球价值链中低端。在中国的出口商品中，具有高科技含量和高附加值的产品占比并不高。资源、能源密集型和劳动力密集型的产品仍占 55%以上。另一方面，发达工业化国家将高能耗产业迁移至中国。这些产品在生产、加工、运输过程中消耗大量能源和资源，所产生的温室气体完全排放在中国，形成海量的“转移排放”。即便按照最保守的估计，中国每年二氧化碳排放量中也约有 15%是属于转移排放。

中国出口商品具有较显著的价格竞争优势，面对此冲击，中国的一些主要贸易伙伴国常以各种理由设置壁垒，提高中国产品进入市场的门槛。同时，并不愿意考虑转移排放的因素，在国际气候谈判中千方百计向中国施压，要其承担不合理的减排责任。尤其是 2008 年金融危机以来，特别是特朗普执政期间，以中国为对象的贸易摩擦不减反增，愈演愈烈。其中有不少是以应对气候变化问题为由头的。中国面临两难之境：一方面是能源、资源密集型产品出口快速增长使中国资源环境不堪重负，稀土产品出口即属此例。中国节能减排，降低碳强度难度加大。另一方面，发达工业化国家为维护本国企业的国际竞争力，实行绿色贸易壁垒或其他新形式的贸易保护主义措施。这不仅对中国进出口贸易形成严峻挑战，也对中国企业增强国际竞争力提出更高要求。较为常见的作法，有以下几种。

设定能效等技术标准。比如，通过国家强制性法规、企业自愿性标准或协议限制或禁止非气候友好型产品、工艺或服务，以此提高能效，发展可再生能源，推动减排，保护生态环境。美国从20世纪90年代初就实行的“能源之星”计划以及欧盟确立的汽车排放标准体系等都属此列。事实上，许多由发达国家最先制定和执行的减排或能效标准最终成为通行的国际标准。

低碳技术国际合作。按照《联合国气候变化框架公约》等文件的原则和规定，具有减缓和适应气候变化技术优势的发达国家有义务向发展中国家提供技术援助与支持。但是，在实践中，基于研发成本和利润分配等因素，建立所谓双赢的转让机制难度不小。当前多哈回合谈判中关于在环境货物与服务中削减贸易壁垒的谈判也在艰难推进。加之，近些年来，贸易保护主义升温、大国博弈加剧，造成政治互信减弱、技术合作艰难。

实施碳关税等边境调节措施。欧盟等发达经济体正加紧推动以征收碳关税的方式，使那些所谓未承担量化减排责任的国家，尤其是新兴经济体分担减碳成本。根据“共同而有区别的责任”原则，《京都议定书》等为发达工业化国家规定了量化减排目标，明确的国际减排承诺和相对严格的国内管控措施增加了其企业的运营成本，压缩了利润空间，迫使部分能源密集型产业转移至管制措施相对宽松的发展中国家和地区，形成所谓“碳泄漏”，会引发本国就业机会、税收流失等问题，并改变国际贸易环境。关于与贸易伙伴之间围绕贸易商品“碳内容”成本分担的矛盾与分歧亟须通过适合的多边平台进一步讨论。

以美国为例，从其国会气候政策辩论中可以看到，在谈及气候政策的贸易影响时，几乎所有的观点都支持未来的气候政策必须要求美国的贸易伙伴，尤其是中国和印度等发展中大国采取相应的气候行动，否则将对其产品实施征收“边境调节税”等措施，以此保护美国企业的竞争力和就业市场。一旦这些要求最终成为美国联邦气候立法的条款且得到单方面实施，势必引发相关国家之间的贸易争端，强化各国的贸易保护主义趋势。而且，《关税及贸易总协定》的各项协议所规定的贸易原则也将因出现气候变化政策有关的某些限制性贸易条款而面临调整压力。

四、中国的气候政策与行动

中国对于控制温室气体排放问题极为重视。尽管《京都议定书》《巴黎协定》等并没有为发展中国家规定强制性减排义务，但是，中国一直积极采取措施应对气候变化问题，为如期实现双碳目标愿景夯实基础、稳步推进，充分展现了在国际事务中负责任的态度。

中国政府在“十一五”规划中首次提出碳强度目标，即在2006—2010年将单位国内生产总值能耗降低20%，主要污染物排放总量减少10%。这意味着从2006年到2010年五年间，中国将节省6亿吨标准煤当量的能源，减少14亿吨二氧化碳的排放。在哥本哈根气候大会前，中国首次宣布温室气体减排清晰量化目标，即到2020年，单位国内生产总值二氧化碳排放比2005年下降40%～45%，并作为约束性指标纳入国民经济和社会发展中长期规划，制定相应的国内统计、监测、考核办法。根据国务院新闻办发表的《中国应对气候变化的政策与行动》白皮书，2020年中国碳排放强度比2005年下降48.4%，提前超额实现目标，累计少排放二氧化碳约58亿吨，基本扭转了二氧化碳排放快速增长的局面。2015年，中国向《公约》秘书处提交了第一份应对气候变化国家自主贡献文件《强化应对气候变化行动——中国国家自主贡献》，承诺到2030年，中国单位国内生产总值二氧化碳排放比2005年下降60%～65%。2021年，在格拉斯哥气候大会前，中国正式提交包含双碳目标在内的《中国落实国家自主贡献成效和新目标新举措》和《中国本世纪中叶长期温室气体低排放发展战略》，向国际社会庄严承诺，提高国家自主贡献力度。2021年，《中华人民共和国国民经济和社会发展第十四个五年规划和2035年远景目标纲要》明确提出，中国将实施以碳强度控制为主、碳排放总量控制为辅的制度，切实推进温室气体减排。

长期以来，为实现节能减排和应对气候变化的目标，中国制定并实施了一系列政策与行动。

(一)管理及协调机构建设得到加强

1998年，为协调和领导气候变化问题国家立场和政策，国家发展计划委员会牵头成立了“国家气候变化对策协调小组”。2007年6月12日，国务院决定成立国家应对气候变化及节能减排工作领导小组，作为国家应对气候变化和节能减排工作的议事协调机构。领导小组下设国家应对气候变化领导小组办公室、国务院节能减排工作领导小组办公室，都设在国家发展和改革委员会，具体承担领导小组的日常工作。2013年7月3日，调整了领导小组办公室的设置，不再分设两个办公室，而改为国家应对气候变化及节能减排工作领导小组办公室，设在国家发展和改革委员会。2018年8月2日，进一步明确规定，国家应对气候变化及节能减排工作领导小组具体工作由生态环境部、发展改革委按职责承担。2007年9月，为加强应对气候变化对外工作，外交部成立了应对气候变化对外工作领导小组并任命了“气候变化谈判特别代表”。此外，在科技部、生态环境部、中国气象局等亦设有相关机构。

(二)相关法规、政策、文件等趋于系统、完善

1992年、2002年和2016年中国先后批准了《联合国气候变化框架公约》及其《京都议定书》《巴黎协定》，这些文件是国际社会应对气候变化的法律基础。2004年，提交《中国气候变化初始国家信息通报》，履行了对《公约》的承诺。目前，已经提交第三次国家信息通报。2005年，中国发布《中国清洁发展机制项目运行管理办法》，规定了项目申报和许可程序。2006年，科技部等共同编制和发布首次《国家气候变化评估报告》，作为政府气候制定气候政策的科学依据。目前正在编写第四次评估报告。2007年6月，国务院首度制定发布《中国应对气候变化国家方案》，实施一系列经济、能源、科技等政策应对气候变化。在《能源法》征求意见稿中，减排温室气体成为重中之重，提出“以低碳能源替代高碳能源，有效应对气候变化”。同时，国务院审议并原则通过《可再生能源中长期发展规划》。2007年11月，国务院批准开始实施发改委、统计局和环保总局

分别会同有关部门制定的由《单位经济总量能耗统计指标体系实施方案》《主要污染物总量减排考核办法》等组成的节能减排评价考核体系，勾画了中国的“减排路线图”。2009年，中国全国人大常委会议通过了积极应对气候变化的决议，根据这个决议的要求，中国有关部门正在研究起草中国的应对气候变化法，修改与应对气候变化相关的各项法律、法规。2021年，发布《碳排放权交易管理办法(试行)》。为实现双碳目标愿景，2021年10月，中国制定《关于完整准确全面贯彻新发展理念做好碳达峰碳中和工作的意见》《2030年前碳达峰行动方案》等。同时，节约能源法、电力法、煤炭法、可再生能源法、循环经济促进法等形成法律法规网络，成为中国实施减排政策、行动，做好碳达峰碳中和工作的法律依据。

(三)推动节能减排，提高能源利用效率，开发新能源和可再生能源，不断优化能源结构

“九五”计划以来，中国加快实施节能减排重点工程，重点领域节能减排工作协同部署，能源利用效率不断提高。在“十三五”期间，与2015年相比，2020年二氧化硫、氮氧化物、化学需氧量、氨氮排放总量分别下降25.5%、19.7%、13.8%、15.0%，超额完成“十三五”规划目标。全国煤炭消费占比从2015年的63.8%下降至2020年的56.8%，清洁能源占比提高至24.3%，进一步优化了能源消费结构。值得关注的是，约有9.5亿千瓦煤电机组实现超低排放，约占全国煤电总装机容量的89%，已建成全球最大清洁煤电体系。中国将提高国家自主贡献力度，到2030年，单位国内生产总值二氧化碳排放将比2005年下降65%以上。风电、太阳能发电总装机容量将达到12亿千瓦以上。

中国一方面提高传统化石能源利用效率，另一方面持续加大对新能源和可再生能源的研发、推广。目前，中国水电、风电、太阳能发电装机容量、核电在建规模等均居世界第一位。根据国家可再生能源发展目标，到2030年非化石能源的一次能源消费比重要达到25%左右，风电、太阳能发电总装机容量要达到12亿千瓦以上。

据联合国环境署发布的《全球可再生能源投资趋势》报告，2010—

2019 年，中国是全球在清洁能源领域投资最多的国家，总金额近 7600 亿美元，是位居次席美国的 2 倍。中国风能、太阳能发电装机总量已稳居世界首位，分别达 288 吉瓦、253 吉瓦。同时，中国成为全球清洁能源装备最重要的供应商。目前，全球 30%的风力涡轮机、70%以上的太阳能光伏发电系统均系中国制造。

(四)加强生态建设和环境保护

土地滥用与森林砍伐是导致气候变化的重要因素。据起迄于 2014—2018 年的第九次全国森林资源清查结果，全国森林面积 2.2 亿公顷，森林覆盖率 22.96%，森林蓄积量 175.6 亿立方米，实现了 30 年来连续保持森林面积、森林蓄积量“双增长”。中国造林绿化明显加快，近年来全国每年完成的营造林面积都在 9000 万亩左右。人工林面积已达 0.69 亿公顷，居世界首位，蓄积量 24.83 亿立方米。中国还积极实施天然林保护、退耕还林还草、自然保护区建设等生态建设与保护政策，增强了森林吸收温室气体的能力。到 2030 年，中国森林蓄积量将比 2005 年增加 60 亿立方米。据估计，1990 年以来，全球共有 4.2 亿公顷森林遭到毁坏，即树木遭到砍伐、林地被转而用于农业或基础设施。据联合国粮食及农业组织统计，2010—2020 年，全球每年的森林砍伐量为 1000 万～1200 万公顷。中国则平均每年增加 193.7 万公顷，增长率为 0.93%，成为同期森林面积年均净增加最多的国家。目前，中国森林碳汇量每年达 4.34 亿吨，折合成二氧化碳量为 15.91 亿吨。[①]

(五)积极开展气候变化基础研究，为决策提供有力支持

关于气候变化的相关科学研究工作不断取得进展，实施并完成了一系列重大科研项目，如“全球气候变化预测、影响和对策研究”“全球气候变化与环境政策研究”“中国陆地生态系统碳循环及其驱动机制研究”“中国陆地和近海生态系统碳收支研究”“中国重大气候和天气灾害形成机理与预测理论研究”“中国气候与生态环境演变”“林业碳汇补偿的政策、机

---

① 王兵、牛香、宋庆丰：《基于全口径碳汇监测的中国森林碳中和能力分析》，载《环境保护》，2021 年第 16 期，第 30—34 页。

制和途径”“1854年至今全球表面温度基准数据集”等。

此外，中国积极尝试运用兼顾效率与公平的碳市场机制提高减排效率。经过近十年试点摸索，2021年7月，全国碳排放权交易市场正式启动上线交易，共纳入发电行业重点排放单位2162家。截至当年12月31日，第一个履约周期结束，累计运行114个交易日，碳排放配额累计成交量1.79亿吨，累计成交额76.61亿元，履约完成率为99.5%，市场运行健康有序，促进企业减排温室气体和加快绿色低碳转型的作用初步显现。

中国务实、有效的气候政策与行动体现了中国对国际社会、人类前途的高度责任意识。中国始终主动履行国际义务。作为《公约》的缔约国，中国认真履行了《公约》为非附件一国家规定的义务。如编制国家信息通报、开展全民教育等，发布《应对气候变化国家方案》，制定了节能减排的具体目标，将其纳入国民经济与社会发展规划。在推动国际气候合作发展过程中，始终坚持“共同而有区别的责任”等公平、公正原则，切实维护广大发展中国家的发展权益。《联合国气候变化框架公约》称“历史上和目前全球温室气体排放的最大部分源自发达国家”，而发展中国家不仅是受害方且适应能力薄弱，因此发达工业化国家一方面应率先采取行动，另一方面应通过资金和技术手段帮助发展中国家增强缓和及适应气候变化的能力。

作为世界上最大的发展中国家，在西方对自身本应承担的气候援助义务敷衍塞责的同时，中国积极推动气候变化领域的南南合作。2006年，《中国对非洲政策文件》首次明确提出这一倡议，应对气候变化议题的磋商与合作成为中非合作的新内容。此后，中国致力于力所能及地协助最不发达国家增强适应气候变化的能力。2015年9月，中国宣布出资200亿元人民币成立“中国气候变化南南合作基金”，用于支持发展中国家应对气候变化。不久，启动“十百千”项目，从2016年起，将在发展中国家开展10个低碳示范区、100个减缓和适应气候变化项目及1000个应对气候变化培训名额的合作项目。中国应对气候变化南南合作的创举对切实推动国际气候合作进程意义重大。在经年累月、激烈复杂的国际气候谈判中，中国通过"七十七国集团＋中国""基础四国"等机制与发达国家较量、博弈，推动气候谈判沿着"巴厘岛路线图"，过渡到德班平台，为最终达成具有里程碑意义的《巴黎协定》作出积极贡献。

气候变化是全人类共同面对的严峻挑战，影响规模和范围之大要求各国不断凝聚共识，全力携手应对。正在进行的国际气候谈判也将是一个复杂而漫长的过程，期待着国际社会的共同努力与协作，在推动可持续发展的前提下，最终建立一个公正、合理、有效的国际气候合作机制。

第二章　国际气候合作发展实践

第一节　国际气候合作简述

20 世纪 70 年代开始，全球变暖问题进入国际政治议程。国际社会在联合国框架下，为了应对全球气候变化所衍生的环境、经济及政治问题而通过集体行动逐步建立起由一系列“原则、规范、规则及决策程序”构成的国际气候变化机制。这一机制的建立与完善，推动了国际协调与合作，有助于缓解气候变化对全球经济与社会发展的负面影响，增进全球福利。在该机制设计和构建初期，欧盟、美国等发达工业化国家及中国、印度等发展中国家等以联合国作为平台发挥了不可替代的作用。联合国框架成为培育及维护该机制成长的温床。当前国际气候变化机制的发展大致经历了以下三个阶段。

第一阶段(1972—1994 年)以《联合国气候变化框架公约》最终达成作为标志性成果。1972 年，联合国在瑞典斯德哥尔摩召开“联合国人类环境会议”。联合国环境规划署随之成立，建立国际气候变化机制的进程启动，气候变化问题纳入国际高级政治议程。1979 年，第一届世界气候大会在日内瓦召开。1988 年，在世界气象组织及联合国环境规划署的推动下，由各国科学家等专业人士组成联合国政府间气候变化专门委员会，为与全球气候变化相关的科学、技术、经济及社会等情况作出科学评估，并就减缓和适应行动提出对策、建议。截至目前，该委员会已完成六次关于气候变化的评估工作并发布报告，成为各国气候决策的重要科学依据，推动国际气候谈判逐步深入。1990 年，第 45 届联合国大会通过决议，成立气候变化框架公约政府间谈判委员会(INC)。1992 年，在巴西里约热内卢召开联合国环境与发展大会，开放就谈判达成的《联合国气候变化框架公约》供各国政府签署。1994 年 3 月，《公约》正式生效。目前，《公约》已有 191 个缔约方。该文件奠定了国际社会应对气候变化、开展相关国际合作的法律基础，被视为"创建气候控制的全球体制的第一步"。[①]

第二阶段(1994—2015 年)以《京都议定书》作为标志性成果。《联合国气候变化框架公约》规定，每年召开一次缔约方会议，研讨具体实施公约的相关措施问题。1995 年，在柏林举行的第一次《公约》缔约方会议通过"柏林授权"，决定启动新一轮谈判，为发达工业化国家制定量化减排目标和时间表，并确认不会为发展中国家增加新的义务。1997 年，在日本京都举行第三次《公约》缔约方大会，149 个国家和地区的代表通过了《京都议定书》，依照该机制的设计思路，在 2008 年至 2012 年第一承诺期，发达工业化国家率先承担减排指标，发展中国家不承担强制性减排义务。文件规定，主要发达工业化国家温室气体排放量要在 1990 年的基础上平均减少 5.2%。其中美国削减 7%，欧盟削减 8%，日本削减 6%。该文件明确了国际社会应对气候变化、减少温室气体排放的基本原则，为发达工业化国家规定了量化减排指标和时间表，成为一段时期内国际气候变化机制运转所依据的核心要件。随后的公约缔约方会议围绕遵守《公约》原则及落实《京都议定书》的议题相继达成《布宜诺斯艾利斯行动计划》《波恩协定》《马拉喀什宣言》《德里宣言》等文件。

《公约》及其《京都议定书》的达成标志着维持国际气候变化机制运转的基本规则确立，并取得指导和约束各行为体行动的合法性。巴厘岛气候大会通过的"路线图"可谓承上启下，为国际气候变化机制变化保留了空间。发达国家和发展中国家围绕《京都议定书》第二承诺期展开激烈谈判。几经折冲，2012 年达成《多哈修正案》，为《京都议定书》第二承诺期

---

① Greg Kahn, The Fate of the Kyoto Protocol under the Bush Administration, *Berkeley Journal of International Law*, 2003, Vol. 21: p. 258, p. 549.

问题做出安排。然而，第二承诺期生效之际，也是几近结束之时。最终，所谓第二承诺期，对于促进减排而言，其形式和程序意义大于实际。

第三阶段(2015 年迄今)以国际社会达成《巴黎协定》为标志性成果。《巴黎协定》各缔约国必须设定减少排放、适应气候变化影响行动计划，即国家自主贡献方案，每五年更新一次。根据盘点，将全球温升幅度限制在 1.5℃所需的减排量与目前各国方案预期实现的减排量之间存在巨大差距，2021 年 11 月召开的格拉斯哥气候大会呼吁，所有国家重新审视并加强其在下一个五年的国家自主贡献行动。

从法律基础上看，除国际气候谈判之前国际社会就环境问题所达成的各项条约文件以外，历次《联合国气候变化框架公约》缔约方会议所制定的一系列具有国际法意义的法律文献居于机制核心地位，如《联合国气候变化框架公约》及其《京都议定书》《柏林授权》《波恩协定》《马拉喀什协议》《巴黎协定》等。相关文件所阐述的“共同而有区别的责任原则”“成本效率原则”“风险预防原则”及“可持续发展原则”等成为国际社会采取集体气候行动的根本依据。

就组织网络而言，国际气候变化机制也日趋完备。主要包括《联合国气候变化框架公约》缔约国会议及其秘书处、联合国环境规划署、世界气象组织等。该组织网络凭依联合国框架，为各行为体开展国际协作提供了平台，发挥着制定集体行动议程及规则，监督和协调有关协议实施等功能。一年一度的《公约》缔约方会议及各机构召开的各类专门会议成为履行其组织功能的主要活动形式。

在发挥市场机制作用方面，国际气候变化机制取得了实效。为保证缔约国完成温室气体减排目标，联合国框架内的国际气候变化机制借助市场力量，设计了 3 种灵活履约机制，即清洁发展机制(Clean Development Mechanism，CDM)、国际排放贸易(International Emissions Trading，IET)和联合履约(Joint Implementation，JI)。据此，国际温室气体排放权交易市场启动并逐步纳入国际自由贸易体系，与既有全球公共物品网络联结，并逐步成为其中的有效组成部分。

此外，资金机制及遵约和履约机制等也是当前国际气候变化机制的重要组成部分，并蕴含着巨大的发展潜力。以资金机制而论，《公约》设立了绿色气候基金、气候变化特别基金、气候变化适应基金、最不发达国家基金等。其中，气候变化适应基金因与清洁发展机制挂钩而一度获得较快发展。总体而言，当前基金机制以及气候融资领域发展难称充分，亦不平衡，但是该设计毕竟为资金机制的逐步完善奠定了良好的基础，积累了实践经验。

在应对气候变化方面，国际社会的其他若干制度性安排亦发挥着重要作用，如八国集团会议、二十国集团等。但是，联合国框架下的国际气候变化机制居于核心地位，并与其他机制交织互动。主要原因在于这一机制已经奠定较为稳定、相对完备的基础。

第二节　走向《巴黎协定》：国际气候合作机制转型

在国际气候谈判中的合作成效将直接影响未来国际应对气候变化机制的发展方向。2007 年 12 月，在印度尼西亚巴厘岛召开的联合国气候会议正式启动了《京都议定书》后续协议谈判。在此关键时期，国际社会期待主要谈判体能够在各自立场上有所突破，推动国际气候合作进程。然而，被世人寄予厚望的哥本哈根气候大会却遭遇重创，未能就《京都议定书》展期等问题获得任何实质性进展，仅仅以一份没有任何法律约束力的《哥本哈根协议》匆匆收尾，2010 年召开的坎昆会议成为决定国际气候合作机制命运的关键一役。

一、坎昆：避免崩溃

2010 年 11 月 29 日—12 月 10 日，《联合国气候变化框架公约》第 16 次缔约方会议暨《京都议定书》第 6 次缔约方会议在墨西哥坎昆举行。经过一番激烈的讨价还价，在会议最后一刻，一百九十多个国家的代表一致通过由 25 份文件组成的《坎昆协议》，总算为艰苦推进的国际气候谈判的成果做了一份小结，避免国际气候合作进程在经受哥本哈根气候大会的打击之后陷入崩溃。

2010年的国际气候谈判进展极其缓慢，但是发挥了不可替代的作用。在哥本哈根气候大会的阴影下，各方在重启工作谈判时面临的首要问题就是停止相互指责，以实际行动重建信任。这就需要国际社会从几近破裂的哥本哈根气候大会中吸取教训、加以反思，重振合作意愿。经过在波恩、天津等会议上的数次交锋，各方开始面对现实，不再期望在短期内达成具有法律约束力的全面气候协议。先易后难，在相对易于达成共识的领域率先取得突破成为务实之选。通过控制森林砍伐和森林退化等措施削减排放、给予发展中国家资金、技术转让等较为单纯的议题成为谈判桌上的优先处理事项。

在中国、印度、巴西等新兴大国的有力推动下，上述议题最终在坎昆会议上取得宝贵成果。首先，发达国家允诺向发展中国家提供资金支持以控制森林砍伐、防止森林退化，并通过加强林地管理等措施减少温室气体排放。其次，新设“绿色气候基金”，并强调尽快落实哥本哈根气候大会上确定的快速启动资金。发达国家亦承诺将启动2020年前每年提供1000亿美元资金计划，以帮助最不发达国家及发展中国家增强应对气候变化能力，实现“绿色发展”。再次，建立低碳技术转让机制，通过“技术执行委员会”和“气候技术中心”确定发展中国家的技术需求并给予满足。最后，建立“坎昆气候变化适应框架”，负责规划、选择并实施适应气候变化的行动。

《坎昆协议》当然只是国际气候谈判进程中迈出的一小步，是各方相互妥协、大大降低期望值的结果，但是其对于推动国际气候合作的积极意义仍然值得肯定。正如《联合国气候变化框架公约》秘书处执行秘书克里斯蒂娜·菲格雷斯所言，“希望之灯再次点燃，人们对通过应对气候变化多边进程获致成果的信心得以恢复”。事实是该文件最终赢得与会一百九十多个国家的支持，对于会场内外否定联合国框架下多边磋商机制有效性的声音形成有力的回击。它推动国际社会进一步确认了《哥本哈根协议》中的各项承诺，将近一年来国际气候谈判的具体成果以正式文件的形式固定下来，为进一步讨论奠定了具有广泛共识的基础。更为重要的是，它维持了国际社会在应对气候变化领域的合作氛围，在一定程度上扭转了哥本哈根气候大会所加剧的各谈判主体“政治互信弱化”的情形，并且发出了明确的市场信号，鼓励投资者持续增加在绿色技术领域的投入，推动发达国家提高其减排承诺目标的意愿，有助于全球可持续发展。

《坎昆协议》是发达国家和发展中国家降低期望值并相互妥协的结果，为了达成挽救阴云笼罩的气候谈判进程，各方在坎昆会议上暂且绕开了构建未来国际气候变化合作机制所必须面对的核心议题。这些议题在2010年谈判中不仅没有定论，反而呈现分歧加深的趋势，未来各方仍将不免就此展开正面交锋。

二、从德班到巴黎：转轨成功

随着《京都议定书》第一承诺期即将结束，国际气候合作面临的核心问题是京都模式还能不能继续下去。如果不能，如何转轨并更换路径？从2011年德班气候大会到2015年巴黎气候大会，在对第二承诺期作出权宜安排的同时，国际减排合作路径从“自上而下”的京都模式过渡到“自下而上”的模式，即从《京都议定书》要求附件一国家在特定时间段内承担量化减排目标，转为《公约》所有缔约方主要依据自身国情，向联合国自主作出减排承诺，提交细化的贡献方案。

2011年底，第17次联合国气候大会在南非德班举行。在这次大会上，发达国家和发展中国家对于减排责任等问题分歧仍然尖锐，但是最终就《京都议定书》第二承诺期、长期合作行动计划、绿色气候基金及2020年后温室气体减排的安排等达成4份决议。关于第二承诺期，大会要求《京都议定书》附件一国家从2013年1月1日起执行第二承诺期，并在次年5月1日前提交各自的量化减排承诺。关于绿色气候基金，大会确定基金为《公约》框架下金融机制的操作实体，成立基金董事会，启动绿色气候基金，向发展中国家提供资金，支持其减缓和适应气候变化的努力。各国还在气候适应、技术、能力建设和透明度的机制等问题上取得一些积极进展。

德班会议虽然在欧盟等推动下，决定执行《京都议定书》第二承诺期，但是遭到加拿大、日本、俄罗斯等明确反对，给未来各方第二承诺期计划的制订与兑现带来阴影。此次会议更值得关注的是，缔约方同意加强行动德班平台，开启新的谈判进程，并拟于2015年完成、2020年生效。

2012年底，第18次联合国气候大会在卡塔尔多哈举行，缔约方同意延长即将到期的《京都议定书》，确定第二承诺期从2013年1月1日开始到2020年12月31日结束，被视为是通往加强行动德班平台的桥梁。关于2020年前，发达国家每年向发展中国家提供1000亿美元资金的安排未获得突破。

2013年底，第19次联合国气候大会在波兰华沙举行，缔约方为2015年巴黎气候大会制定路线图，期待达成一项具有法律约束力的减排协定，但是发展中国家和发达国家之间关于温室气体排放责任的分歧难以达成妥协，新协定的路径选择和灵活措辞成为焦点，只能推至下一次气候大会继续讨论。关于建立损失损害机制、气候融资、“减少因砍伐森林和森林退化导致温室气体排放”(REDD＋)计划等获得通过或达成一致。

2014年底，第20次联合国气候大会在秘鲁利马举行，各方就一项全球性减排协议框架达成进一步共识，拟将所有国家的温室气体减排贡献纳入其中。该项协议要求每个国家在未来六个月内向联合国提交一份详细的国内减排贡献方案，以为次年召开的巴黎气候大会达成最终协议创造基础。

2015年12月，195个国家在法国巴黎召开《联合国气候变化框架公约》第21次缔约方大会和《京都议定书》第11次缔约方会议，最终达成全球合作应对气候变化的《巴黎协定》，与会各方承诺采取措施控制并减少温室气体排放，确保至2100年全球平均气温升高不超过工业化水平前2℃，并向温升不超过1.5℃的目标努力。2016年10月5日，欧盟向联合国提交关于《巴黎协定》的批准文书，至此满足了至少55个国家批准、且其排放量占全球排放总量的55%以上的生效条件。同年11月4日，《巴黎协定》正式生效。

《巴黎协定》是继《京都议定书》之后国际社会开展气候合作进程中具有里程碑意义的成果，对2020年后全球应对气候变化行动作出安排，已成为缔约方制定本国气候、能源及经济政策等的重要依据。

三、从巴黎到格拉斯哥：强化行动

《巴黎协定》所确立的减排模式将设计减少碳排放的主动权赋予各国政府，涵盖了几乎所有国家，顾及各国经济发展阶段、总量规模、产业结构、能源结构等差异，在雄心与灵活性之间达到一定平衡，有效地维持了全球应对气候变化的合作氛围，但是也难免淡化了关于各自减排承诺的时间框架、基准年等透明度、可比性要求。同时，对于遗留问题，巴黎气候大会授权各方需在《巴黎协定》特设工作组和《公约》附属机构下就协定条款实施细则继续谈判，如《巴黎协定》第六条、透明度、国家自主贡献共同时间框架等问题。

国际社会所面临的现实问题是能否实现《巴黎协定》确立的温升目标，几乎主要依赖各国政府对待气候变化问题的态度、政策执行的力度。如果所有国家的自主贡献经过汇总，并不能确保如期实现目标，国际社会将能够采取何种措施，促使各国提高减排雄心。

从《巴黎协定》达成到2021年底格拉斯哥气候大会召开，已历时五年，一方面，需要评估各国自主贡献方案的实际执行效果，并鼓励其继续提交更新方案，提升减排目标。截至大会期间，提出碳中和目标的经济体碳排放量合计约占全球总量的90%。另一方面，需要探寻在实施自主贡献方案之外，推进全球清洁发展转型的新气候行动。根据联合国环境规划署最新的《排放差距报告》(Emissions Gap Report)，即便各国当前通过国家自主贡献方案所做的排放承诺完全兑现，也仅能将2030年的预计排放量减少7.5%，若要实现《巴黎协定》规定的2℃温控目标，则实际需减排30%，而要达到1.5℃，则需减排55%。格拉斯哥气候大会虽然低于期待，但是仍获得了一定成果，一是再次确认《巴黎协定》1.5℃温升控制目标的严肃性、有效性；二是达成《全球煤炭向清洁能源转型声明》，首次确认将逐步减少煤炭使用；三是最终完成《巴黎协定》实施细则遗留问题谈判。特别是就《巴黎协定》第 6.2 条关于合作方法的指南、第 6.4 条关于可持续发展机制的规则、程序和模式，以及第 6.8 条关于非市场机制框架的工作计划达成了一揽子解决方案，有助于各国通过市场及非市场机制合作减排。此外，还签署了《关于森林和土地利用的格拉斯哥领导人宣言》《绿色电网倡议》《零排放中、重型车辆全球谅解备忘录》等重要文件。

第三节 主要国际气候谈判主体气候政策分析透视

在当前的国际气候谈判中，美国、欧盟和新兴经济体等在应对气候变化的基本立场、路径选择、承诺目标、利益诉求等方面差异仍然较为显著。长期以来，正是这些行为体之间符合博弈的结果影响并塑造了国际气候合作机制的面貌与前景。

一、美国：摇摆不定

2001 年，美国乔治·W. 布什政府宣布拒绝批准《京都议定书》，以及 2017 年特朗普政府宣布退出《巴黎协定》，都对致力于应对全球气候变化问题的国际气候合作进程造成重大冲击。

美国温室气体的历史排放量、人均排放量均居世界首位，而且仍在继续增加。任何相关的国际协定或机制安排如果缺少美国的参与，其目标都将难以实现或效果有限。美国的气候政策走向对当前谈判及未来国际气候变化机制的前景都具有重大影响。

尽管布什政府对气候变化问题采取消极态度，但是在其执政后期已经作出重返国际气候谈判进程并争取气候谈判主导权的姿态和努力。奥巴马执政期间一度试图恢复美国在气候领域的领导权。在经历了特朗普时期美国气候政策的大倒退之后，拜登政府对美国气候政策进行了大规模修正，突出强调妥善应对气候变化对美国实现经济振兴、维护国家安全及巩固全球事务主导地位等方面的重要意义，推动将相关政策行动纳入财政刺激计划、新财年预算法案、国家安全战略指针等重大规划，意在以“全政府”之力在经济、社会、外交、军事等所谓“全领域”构建气候驱动发展战略，为延续并提高美国国际竞争力奠定基础，标志着美国气候政策迈入新阶段。

在美国，所谓气候政策的缘起并不久远。气候政策脱胎于相对宽泛的环境保护政策范畴，在发展中逐渐获得了相对独立的特征。

乔治·H. 布什政府时期美国开始形成具有明确内容的气候政策。1988年夏，总统候选人乔治·H. 布什表达了支持环境保护的立场。然而，布什的承诺无法兑现，阻力来自于其主要支持者——右翼保守主义集团和石油等利益集团。1989年1月，国务卿詹姆斯·贝克表示支持在气候变化领域采取所谓"无悔政策"。1989—1990年，美国在诸多国际场合拒绝欧洲发起的为发达国家设定稳定温室气体排放目标和时间表的倡议。1991年2月—1992年5月，在政府间谈判委员会下进行了关于气候变化框架公约的正式谈判。美国在承诺方面的表现更为消极，立场更为谨慎。但是，美国在关键问题上的立场较之其他发达国家明朗。首先，美国坚决反对任何具有约束性的减排目标和时间表，主张各自实施"国家战略"。其次，美国主张制定"全面方案"，任何气候协定都要包括所有种类的温室气体。再次，美国不愿意在任何全球气候协定中承诺对发展中国家提供资金支持，协助其履行义务。但是，在谈判中，美国也承认有必要为发展中国家提供资金来源。最后，美国主张所建立的机制不应仅注重目标，而应注重实施过程。机制中应包括完善的监控和遵约核证机制。

主要由于美国的强硬姿态，《联合国气候变化框架公约》的最终文本成为各方承诺的集中展示，难以获得实质性的法律效力。1992年6月，美国签署《联合国气候变化框架公约》，并于10月获得参议院批准。

1992年12月，布什政府发布名为《全球气候变化国家行动计划》(National Action Plan of Global Climate Change)的第一个美国国内气候计划。该计划并非专门针对气候变化的综合性方案。其中多为正在或即将实施的节约能源和防治空气污染项目。以此一系列的节能计划等作为气候政策的核心反映了布什政府对于气候变化问题的虚与委蛇的态度，即在诸多确定性问题尚未明朗的情形下，不妨以"无悔政策"加以应对。

克林顿上任伊始，希望在国内减排方面有所作为。其经济计划容纳了副总统戈尔推动的环保诉求。其核心和基础就是征收 BTU 税(British Thermal Unit tax)，也就是碳税，预计在五年内可使税收收入达 720 亿美元，以帮助削减联邦赤字，鼓励提高能源效率，减少温室气体排放。由于相关工业集团游说的强大压力，克林顿的计划并未实现。BTU 税在众议院得到通过，而在参议院受阻。最后，参议院仅仅同意一加仑汽油增税 0.043 美元。

1993 年 6 月，克林顿召开政府气候变化专门会议。10 月，发布《气候变化行动计划》(The Climate Change Action Plan)。该计划首次设定减排目标，保证到 2000 年将温室气体排放量降至 1990 年的水平。相关措施多为自愿性而非强制性的。这项计划标志着美国气候政策已经发生转变，从“是否减排”到“怎么减排”与“何时减排”。但是，就其本质上而言，该计划与布什计划一脉相承，都是意图通过节约资源、提高能效标准等手段，实现减排目标。

在克林顿总统的第二任期，气候变化问题的政治重要性再次突出。当时，关于应对气候变化的国际协定的谈判正在进行。克林顿政府的基本立场包括：(1)强烈反对任何具有法律约束力的近期减排承诺，支持远期目标；(2)主张在承担约束力目标的国家之间开展排放权交易，主张发达国家可以通过在发展中国家协助减排而获得冲抵；(3)设定多个具体的年份目标，增强执行的灵活性，以回应气候变化及经济状况的波动；(4)支持包括所有温室气体的全面方案，主张任何气候协定都应该包括严格的遵约和核证机制；(5)强调发展中国家的参与是美国签署任何国际协定的前提。

在京都会议上，美国与欧盟之间分歧明显。在会议陷入僵局时，副总统戈尔要求美国代表“增加谈判的灵活性”。1997 年 12 月，《京都议定书》达成。依照议定书的规定，美国需在 1990 年的水平上将排放量削减 7%。但是，在发展中国家参与的问题上，美国遭到七十七国集团的抵制。就在此前的 1997 年 7 月，美国参议院以 95 票赞成 0 票反对通过《比尔德-海格尔决议》。决议表示，美国应该拒绝签署任何会导致美国经济严重损害的限制温室气体排放的议定书或协定等。尽管参议院决议没有任何法律效力，但是国会的这一决议预示了《京都议定书》在美国即将面临的前途。

乔治·W. 布什在参选初期曾对气候变化的真实性表示质疑，正式拒绝《京都议定书》。但是，不断上升的温室气体排放量也对其能源政策等形成巨大压力。所以，布什政府也制定并实施了多项气候行动。2002 年，布什政府发布的《气候行动报告 2002》显示，2000—2020 年，美国温室气体的排放总量将增加 43%。2 月，布什即宣布了名为“全球气候变化新行动”的计划，集中体现了美国当时的气候政策。这一计划的主要内容包括：第一，至 2012 年削减碳强度 18%；第二，布什政府反对实行强制性的温室气体排放措施，主张自愿行动；第三，强调以推动气候科学与技术的进步作为应对战略。

2004 年 9 月，布什政府发表文件，列举了美国所采取的国内和国际气候行动。主要包括：至 2012 年，削减 18%的温室气体排放强度；设立内阁级别的气候变化科学与技术委员会，协调联邦气候科学及先进技术研究工作；增加气候项目的预算，对能源使用实行税收刺激手段；支持发展和推广减少温室气体排放的技术；支持火电零排放技术；支持对全球环境中的自然和认为变化进行调查；提出为期 10 年的联邦战略研究计划等。

在国际层面，美国在拒绝《京都议定书》之后，扮演了相当消极或者说负面的角色。在欧盟等国际社会力量的推动下，《京都议定书》于 2005 年生效，京都机制正式建立，国际气候合作进程迈上新台阶。美国则建立、利用其他平台，推动其气候主张。2005 年 8 月，八国集团领导人达成协议，建立“具有深远影响的行动计划，加快清洁能源技术的开发与推广，以实现应对气候变化、减少有害空气污染物及加强能源安全的综合目标”。2006 年 1 月，与澳大利亚、中国、加拿大、印度、日本、韩国共同启动“亚太清洁发展与气候变化伙伴关系计划”，所谓意在补充而非替代《京都议定书》。

在气候立法未果，联邦层面的气候行动缺失的情形下，布什政府推动《2007能源独立与安全法》(Energy Independence and Security Act of 2007)完成立法，称其为“向对抗气候变化迈出了重要的一步”。

奥巴马就任以后，明确将气候变化当作首要议题之一，为保证气候政策的顺利实施政策，极力推动该议题在其任内获得重大进展。

1. 美国国会气候变化立法活动活跃且有重大突破。2008年5月，美国《利伯曼-沃纳气候安全法案》(Lieberman-Warner Climate Security Act)在参议院最终以48票赞成，36票反对遭到否决。然而，这是自2003年参议院启动关于气候变化问题的立法工作以来赞成票数首次超过反对票数，并且接近三分之二票数。2009年6月26日，美国众议院以219票赞成212票反对的微弱多数通过《美国清洁能源与安全法》(American Clean Energy and Security Act，H. R. 2454)。法案主要内容包括：(1)促进清洁能源发展。一方面，提高传统能源的使用效率。另一方面，研发并推广可再生能源、碳捕集与储存等清洁能源技术；(2)提高建筑、制成品生产等的能效标准；(3)建立几乎全面覆盖重要行业和部门的限量排放与交易制度；(4)采取措施，帮助受限排影响的行业、部门和家庭向低碳经济顺利过渡。该法案是美国联邦气候与能源立法进程中一项重大突破和标志性成果。

2. 奥巴马明确提出完全迥异于布什政府的气候政策构想。奥巴马一直在国会对有关应对气候变化的《麦凯恩-利伯曼提案》等表示支持。奥巴马的竞选纲领坚定地支持在全国范围建立具有强制性的“限量排放与交易”制度(Cap and Trade System)作为降低温室气体排放量及应对气候变化的首要政策工具。虽然其没有提出明确的近期或中期目标，但是承诺获选后将立即采取行动，设定强制性指标，推动减排工作。其远期目标是到2050年，美温室气体排放总量将在1990年的水平上减少80%。在发展清洁能源方面，奥巴马主张到2012年可再生能源发电的比例达到全国总发电量的10%，到2025年使该比例升至25%。

3. 美为采取重大国际气候行动预做铺垫。布什政府拒绝参加《京都议定书》，然而美并不愿意放弃对于全球气候变化谈判进程主导权的争夺。2007年底至2008年，布什政府连续主持召开了三次美、英、法、中、印等参加的"主要经济体能源安全与气候变化会议"，虽无法取得实际成果，但是干扰并进而在联合国气候谈判框架之外另起炉灶的意图明显。奥巴马恢复美国国际气候领域领导地位的意愿极其强烈，屡屡宣称美将再次积极参与有关谈判以开创"全球气候变化合作的新时代"。大力发展可再生能源产业被其列为经济振兴计划的优先选项，同时也被作为美应对气候变化的重要手段。在政策行动上，奥巴马提出国内与国际行动双管齐下互为补益的思路。一方面，在国内实施"限量排放与交易"制度，加强对清洁能源的投资与推广，以向国际社会展示美国的积极姿态。另一方面，建议以G8＋5模式为基础设立"全球能源论坛"（Global Energy Forum），讨论和解决世界能源与环境问题。同时推动《利伯曼-沃纳气候安全法案》在2009年或2010年获得通过，为美国重返联合国气候议程并增加其在哥本哈根气候大会上的发言权创造条件。

一旦美国气候政策完成转型，"美国方案"将强有力地引导国际气候谈判进程。美国也将成为以《京都议定书》替代协议为基础的新国际气候变化机制规则的重要提供者。

尽管奥巴马从国会和行政方面作出一系列努力，包括在立法遇阻的情况下加强联邦环保署权力以实施有关政策。但是，美国经济持续低迷的形势对其气候行动形成重大打击。2007年爆发的次贷危机蔓延，导致金融动荡，美国国内经济陷入困顿，增长迟滞、出口萎靡、赤字高企、失业攀升、消费疲软。2009年，美国经济总量下降2.6%，为1946年以来所出现的最大降幅。国内失业率更是在2009年10月份冲高至10.1%，创出1983年以来的最高纪录。遏制经济颓势，稳定金融体系，促进经济复苏，增加就业成为奥巴马政府必须应对的当务之急。气候与能源法案将深刻调整国民经济布局，复杂性和艰巨性空前。在整体景气未有转机之时，其实施成本与收益的不确定性更难以估量。相关立法在政府优先事项排序中下降，在产业界和公众中也遭遇更大阻力。

可以看到，自美国有较为明确的国内气候政策以来，在国际舞台上始终扮演极其重要，却又摇摆不定的角色。在2007年的巴厘岛会议上正是美国在最后一刻的支持，《巴厘岛行动计划》得以通过。在2009年的哥本哈根气候大会上，美国在形成《哥本哈根协议》的过程中发挥了戏剧性的、不可替代的作用，保证会议不至于破裂。在2010年的坎昆会议上，美国与其他重要谈判体达成默契，刻意回避在减排承诺等有严重分歧的问题上的争执，使得会议在共识较多的议题上有所收获，达成《坎昆协议》。但是，缺乏联邦立法的支持与授权，没有呼风唤雨的经济形势配合，美国在两年前提出的以2005年的水平为基准，到2020年削减17%二氧化碳等温室气体的目标恐怕也成为了轻飘飘的笑话。

特朗普就任总统不久，即于2017年3月28日，签发《关于促进能源独立和经济增长的总统行政命令》(Presidential Executive Order on Promoting Energy Independence and Economic Growth)，旋即宣布退出《巴黎协定》，几乎完全颠覆了奥巴马执政时期制定并执行的美国气候、能源及环境管理政策。特朗普政府气候与能源政策的基本取向和要点如下。

1. 大力扶持化石能源行业。特朗普贯彻其主张的“美国第一能源计划”(America First Energy Plan)，对一度受到奥巴马政府政策抑制的石油、天然气、煤炭等传统化石能源生产有利。

第一，废弃《清洁电力计划》(Clean Power Plan)。奥巴马政府于2015年发布《清洁电力计划》，是美国第一个由联邦政府制定的限制发电厂二氧化碳等温室气体排放量的行动方案，目标是到2030年将美国发电厂的温室气体排放量在2005年的基础上削减32%，促进清洁能源使用，并要求各州于限定日期提交减排方案。该计划也是美国履行《巴黎协定》，达成其“国家自主贡献方案”中所设定减排目标的依据，是奥巴马政府气候、能源及环境政策的核心文件。但该计划一经公布即遭到煤电等利益集团强烈抵制，西弗吉尼亚等二十多个州携手挑战其合法性。2016年初，美国最高法院裁定暂停实施该计划。特朗普要求联邦环保署重新审查和评估该计划，试图将冻结达一年之久的计划事实上废弃。

第二，取消联邦土地新开煤矿禁令。目前，由美国联邦政府拥有的5.7多亿英亩土地被租赁给企业开采煤矿，出产占全美煤炭总产量的约40%。奥巴马政府认为租赁方案价格过低，损害纳税人利益，并在事实上补贴了煤炭企业，于2016年宣布暂停联邦政府与企业订立新的煤炭开采租赁合约。特朗普命令美国内政部立即解除已生效并执行一年多的该项禁令，并拟启动新规。

第三，正式批准拱心石(Keystone XL)和达科他(Dakota Access)石油管道建设项目。加拿大公司Trans Canada于2008年启动拱心石石油管道项目，拟建造总长近1900公里的石油管道，将加拿大产的原油直接输送至美国，投资额达61亿美元。奥巴马政府基于环境保护等理由将其搁置、阻击达7年之久，并最终予以否决。连接北达科他和伊利诺伊州的达科他石油管道项目于2014年启动，总投资约38亿美元，也长期因环保等原因受阻。特朗普就任之后立即推进重启上述两项工程，批准向相关企业核发许可证。

在采取上述行动的同时，特朗普要求各相关行政部门开展为期180天的自我审核，以甄别所谓阻碍能源生产和经济发展的法规条文以备清除。

2. 撤除对可再生能源、气候变化、环境保护等领域的支持政策。特朗普试图扭转奥巴马时期运用行政权力支持可再生能源、气候变化及环境保护领域的做法。

第一，削减支出。在特朗普政府提交国会的2018财年联邦政府预算中，美国环保署预算遭大幅削减，从约83亿美元降至57亿美元，降幅高达31%，还提议减少该机构约20%的工作岗位。

第二，缩减项目。美国环保署不再支持《清洁电力计划》、气候变化研究与合作伙伴、五大湖等区域环境治理等项目，停止已实行二十多年的“能源之星”能效认证项目等。美国国家航空航天局、美国海洋暨大气总署、美国能源部等机构正在进行的多项气候、气象、环境等科研项目遭废止。

第三，简政放权。特朗普政府首先简化了工程建设项目环境许可证审批程序。根据美国1970年《国家环境政策法》(National Environmental Policy Act)，所有工程建设项目立项开工前必须经由环境评估、审批程序获取许可证。奥巴马政府通过白宫环境质量委员会对负责评估和审批的环保署等政府机构发布法律指导意见，要求在评估过程中必须将气候变化因素及其影响考虑进去，客观上增加了企业获取环境许可证的难度。特朗普宣布废止该指导意见，简化了审批程序，提高了许可证核发效率。

3. 贬低气候变化议题的重要性。特朗普在大选期间及选后均曾批评气候变化议题是“谎言”，并无充分科学依据，将破坏美国制造业的竞争力。在其行政命令中，特朗普要求美国国务院将不再对“全球气候变化倡议”、绿色气候基金等联合国气候变化项目提供支持和资助；撤销奥巴马时期签署的关于气候与能源的六项行政命令或总统备忘录。值得指出的是，特朗普解散了“温室气体社会成本部际工作组”(Interagency Working Group on Social Cost of Greenhouse Gases)，并否定该机构发布的评估结果。奥巴马时期确立了碳排放社会成本这一量化指标，以此作为衡量、评估相关气候与能源法规、措施的社会和经济成本损益情况。

此前各届政府被动因应或消极回避的气候、环境和能源政策，拜登政府所推动的气候驱动发展战略主动规划特征显著，表现为理念清晰、方向明确、策略务实。就其基本框架而言，可概括为以环境正义为伦理基础、以气候危机为驱动力量、以绿色基建为实现路径、以新冠疫情为催化因素。

第一，以环境正义为伦理基础。拜登在竞选总统期间曾发布题为《实现环境正义和公平经济机会》(The Biden Plan to Secure Environmental Justice and Equitable Economic Opportunity)的竞选纲领性文件，明确称“解决环境和气候正义问题是拜登气候计划的核心信条”。所谓环境正义，系在环境法律、法规、政策的制定、遵守和执行等方面，全体人民，不论其种族、民族、收入、原始国籍和教育程度，应得到公平对待并卓有成效地参与。公平对待是指，无论何人均不得由于政策或经济困难等原因被迫承受不合理的负担，包含工业、市政、商业等活动以及联邦、州、地方和部族项目及政策的实施导致的人身健康损害、污染危害和其他环境后果。拜登就任伊始即再签发题为《关于在国内外应对气候危机》的第14008号行政命令，其中"环境正义"的表述高达30次，明确拟将该理念融入政府行动，再次强调以实现"环境正义"作为其气候政策的基本价值目标之一，特别是突出了保护环境正义与刺激和创造经济机会之间的关系，称"为了确保公平的经济未来，美国必须确保环境和经济正义是我们治理方式的关键考虑因素。这意味着投资和建设清洁能源经济，创造高薪工会工作，将历史上边缘化和负担过重的弱势社区转变为健康、繁荣的社区，并采取强有力的行动减缓气候变化，同时为整个农村地区、城市和部落地区的气候变化影响做好准备。机构应通过制订计划、政策和活动来解决对弱势社区造成的不成比例的严重和不利的人类健康、环境、气候相关和其他累积影响，将实现环境正义作为其使命的一部分，以及这些影响伴随而来的经济挑战。因此，我国政府的政策是确保环境正义并为历史上因污染和住房、交通、水和废水基础设施以及医疗保健投资不足而被边缘化和负担过重的弱势社区提供经济机会"。为此目标，拜登政府成立白宫环境正义咨询委员会(White House Environmental Justice Advisory Council)，正式提出名为"正义40"(Justice 40)倡议，并由管理和预算办公室、环境质量委员会及白宫国内气候政策办公室等发布临时指针，以"确保联邦机构与各州和地方社区合作，……将联邦气候和清洁能源投资的至少40%的总体收益提供给弱势社区。"环境正义"概念在20世纪六七十年代美国及西方环保运动勃兴的背景下产生，首次采用这一表述是在20世纪80年代末，更多的是体现在民权运动诉求中，拜登政府将其内涵延展，强调清洁发展才是维护和实现"环境正义"的根本之道，赋予其超越传统环保主义理念的特征。

第二，以气候危机为驱动力量。克林顿、奥巴马等执政时期仍然倾向于使用"气候变化"(climate change)、"全球变暖"(global warming)等具有客观描述性质的术语讨论气候议题，在政治态度上克制谨慎。拜登则空前突出强调气候变化造成负面后果的严重性，以及必须立即采取行动的紧迫性，着意使用“气候危机”(climate crisis)、“气候紧急状况”(climate emergency)等说法加以表述，这在美国政治生活中尚属首见。拜登就任后发布的第14008号行政命令则直接以《关于在国内外应对气候危机》作为标题，并称将“气候危机”置于美国外交政策和国家安全规划的最前沿。借政府间气候变化专门委员会发布最新报告之机，拜登发布推文称，“应对气候危机刻不容缓。(危机)表现显而易见。科学证据不容否认。无所作为的成本高昂”。这一做法也频频体现在拜登在相关重大国际场合的讲话和文件中，如美国重返《巴黎协定》、领导人气候峰会、联合国大会等。美国国务院官网的“政策问题”列表中除设“气候与环境”专题外，还专设“气候危机”专题，称“应对气候危机的大胆行动比以往任何时候都更加紧迫。在世界各地，破纪录的高温、洪水、风暴、干旱和野火摧毁了社区，凸显了我们已经面临的严重风险”。农业部、能源部、商务部、国防部等23个联邦机构首次集中发布了气候适应与应变计划，在详细说明了气候变化对民众及各自业务领域最突出影响的基础上警告称，气候变化及其影响在不久的将来可能会继续恶化。

第三，以绿色基建为实现路径。长期以来，美国联邦政府气候政策对美国产业转型、升级、发展进程渗透不足，在国际气候谈判中所做的减排承诺和目标因未获得立法支持，对州、地方政府、企业、社区等并不具备强制约束力。国内相关措施、行动如《清洁空气法》等呈现局部性、干预性特征，落实行动易受党政内斗牵制，效果受限。通过改善和升级基础设施，夯实经济可持续增长的根基，从根本上解决长期拖累美国经济的结构性问题，并寻求培育新的增长动力成为两党及企业界的基本共识。拜登就任不久提出了关于经济振兴的财政刺激一揽子计划，其中的《美国就业计划》集中体现了其落实气候驱动发展战略的思路，即加速传统基建向低碳化转型，同时为绿色基建拓展空间，为此将投入各项扶持资金达三千多亿美元，全面布局低碳交通、清洁电力和相关气候、环保技术研发等。但是，因计划拟向高收入人群和企业加税作为募资重要来源，遭到共和党强烈阻击。经双方博弈互动，民主党将一揽子计划加以调整拆分，形成总额约1.2万亿美元的《基建和就业法案》(Infrastructure Investment and Jobs Act)，以及覆盖范围更为广泛、总额高达3.5万亿美元的社会支出计划。除了传统基建、社会福利等，直接投向应对气候变化、发展清洁能源、加强环境保护等项开支在基建计划和社会支出计划中分别为1640亿美元和5200亿美元。8月，基建法案获得两党支持，在参议院获得通过，提交众议院审议表决。随后，参议院、众议院先后通过总额为3.5万亿美元预算的决议框架。目前，两案辩论、表决程序均有延宕，社会开支法案的支出金额、项目、增税方案的合法性问题等成为争议焦点。

第四，以新冠疫情为催化因素。疫情创造了条件，截至目前，新冠肺炎疫情导致美国累积确诊病例高达4400万人，死亡人数超过71万人。持续已久的严重疫情对美国经济社会造成巨大冲击，2020年经济增长率为−3.486%，出现负增长，是二战结束以来最差表现，失业率一度高达14.8%，且就业情况仍未恢复至疫情前水平。疫情对美国经济社会带来巨大威胁。为阻止经济继续下滑甚至崩溃，避免社会陷入动荡，美国政府采取空前力度财政刺激和无限宽松的货币政策，赤字、债务双双飙升，通货膨胀形势异常严峻，资本市场泡沫累积等问题交织。拜登政府将抗击疫情、振兴经济、实施积极气候政策作为施政三大优先方向，并试图在三者之间建立紧密逻辑关系，即疫情蔓延恶化国家经济形势，为避免经济最终整体陷入衰退，必须尽快加强基础设施建设、促进制造业升级，而在这一重要转折关头，建立以清洁化、低碳化为特征的100%清洁能源经济模式则是实现上述目标的关键。

气候驱动发展战略是美国政府首次尝试在国家宏观经济层面考察并构建气候政策。值得关注的是，为确保切实有效推动相关政策措施落实，拜登政府在联邦层级进行了空前规模的机构改革，首创迄今美国最强大、最专业的气候事务团队和管理体系，强化跨部会决策、协调和执行能力，形成支持其气候驱动发展战略的人事基础。该体系居于顶层的为总统和副总统，之下分设负责国内、国际气候政策事务的团队。其间有白宫办公厅主任负责沟通、协调。牵头负责国内气候政策的最高官员是国家气候顾问。这一新设职位由前环保署署长吉娜·麦卡锡(Gina McCarthy)担任，领导重建的白宫国内气候政策办公室，并负责国家气候工作小组，协调各行政部门、非政府机构及国会。牵头负责国际气候合作事务的最高官员是总统气候变化问题特使，由前国务卿约翰·克里(John Kerry)担任，主要依托国务院开展工作，同时也是国家安全事务委员会成员，负责关于国际气候协议、全球气候融资、国际气候援助等事务。各行政部会增设气候相关职位或提升气候事务部门地位，在国家安全事务委员、国家经济委员会和环境质量委员会等均设高级官员负责气候事务，内政部、国土安全部、财政部、能源部、卫生与公共服务部等成立气候工作组或办公室等。

拜登政府具有相对有利的条件谋划并推进气候驱动发展战略，从而将应对气候变化与经济社会发展长期规划深度融合，避免因政府轮替出现政策倒退，促进美国能源结构、产业结构朝低碳、清洁方向持续稳步转型。但是这一思路和做法势必在更深层次上触及更广泛的利益分配格局，加剧一系列结构性矛盾，其结果将从根本上制约其政治努力的最终成效。

但是，拜登气候驱动发展战略正处于生死存亡的关键时点。除了美国联邦政府与国会之间围绕气候议题的激烈博弈等结构性矛盾制约，中期选举、2024 年大选等对其前景的影响快速上升，留给拜登和民主党的时间并不宽裕，尽速同步推动两案兑现气候承诺，已成为民主党、拜登总统本人及一众面临连任压力的民主党国会议员的巨大政治赌注。除了国内层面，2021 年底在英国格拉斯哥召开的第 26 届联合国气候变化大会对于美国具有非同寻常的意义，这是拜登政府宣布重返《巴黎协定》以后首次在最重要的国际气候合作平台亮相，迫切需要类似气候驱动发展战略的实质性成果恢复其国际信誉，支持其诉求和主张，以维护其在这一全球治理重要领域的影响力和所谓主导地位。在巨大的内、外部现实压力下，民主党内进步派与温和派之间有望加强党内团结，在开支总额、项目计划等方面讨价还价、互作妥协。如无法达到“连中两元”的理想目标，取得部分突破终归优于两手空空，毕竟完全失败所带来的国内国际政治后果难以估量。但是，国际社会也不得不做好拜登政府国内气候政策无法获得突破的准备，在美国贡献能力不足的情况下，坚决维护开展国际气候合作的基本原则，就减排方案创新、相关数据流通分享、碳市场、碳关税等焦点议题达成更广泛共识，推动《巴黎协定》后的全球气候治理机制朝着公正、公平、务实、高效的方向深入发展。

二、欧盟：力有不逮

欧盟温室气体排放量占全球排放总量的近10%，位居全球第三。欧盟在国际气候谈判中长期扮演积极推动者的角色。相对于其他发达工业化国家，欧盟从强化其国际地位等方面考虑，更希望在国际气候合作机制中扮演领导者角色。在哥本哈根气候大会前后，欧盟为维护《京都议定书》第二承诺期等作出较大外交努力。近些年，则主要从如下3个相互关联的方面采取政策行动，其目标是继续领风气之先，增强其全球气候治理新规则制定的话语权。

（一）持续提高气候目标，保持在国际社会减排承诺方面的领先地位

在1997年的《京都议定书》中，当时的欧洲共同体承诺在2008—2012年承诺期内，温室气体排放量在1990年的水平上减少8%。从绝对减排量上看，为工业化国家中的最高承诺水平。2007年3月，为推动即将到来的第二承诺期的国际减排行动，欧盟在《欧盟2020战略》(Europe 2020 Strategy)中提出了“三个20%”战略目标，即温室气体排放量在1990年的水平上至少削减20%，如可能则减少30%；可再生能源占比提升至20%；能源利用率提高20%。2009年，欧盟考虑制定2020年后的气候目标。根据政府间气候变化专门委员会第四次评估报告，欧盟通过至2050年将温室气体排放量较1990年水平减少80%～95%的长期目标。为此，2011年5月，发布2020年、2030年、2040年分别减少25%、40%、60%的阶段性目标。2014年，欧盟委员会就2030年欧盟能源与气候发展

目标达成《欧盟 2030 气候与能源政策框架》(2030 Climate & Energy Framework)，要求温室气体排放量在 1990 年排放水平上至少减少 40%；可再生能源占比至少提高到 27%；能效提高 30%。针对《巴黎协定》，又将可再生能源、能效目标分别提升至 32%、32.5%。总体上看，欧盟的 2030 年温室气体排放目标与 2011 年发布低碳经济路线图中设定的目标保持一致。有观点认为，根据预防原则、《巴黎协定》温升控制目标等，欧盟应该再加大减排承诺力度，而且可再生能源发展目标和落实也有待强化法律约束力。1990—2018 年，欧洲温室气体排放减少了 23%，经济总量增加了 61%，基本实现了经济增长和碳排放脱钩。2019 年 12 月，欧盟委员会发布了《欧洲绿色协议》(Europe Green Deal)，提出到 2050 年欧洲实现碳中和的总体目标，并将 2030 年减排目标提高至 50%～55%。该协议涉及生物多样性、可持续农业、清洁能源、可持续工业等 8 个大政策领域，推动实现能源等工业部门净零排放、零碳增长和包容性绿色转型。

(二)加强气候立法，在全球率先形成相关法律法规网络

2008 年，当时还是欧盟成员国的英国率先通过英国《气候变化法》(Climate Change Act)，开启了欧洲国家气候立法的进程。此后，欧洲主要国家应对气候变化立法行动加速，丹麦《气候变化法》(Climate Change Act)、法国《促进绿色增长能源转型法》(Energy Transition for Green Growth Act)、《德国联邦气候保护法》(German Federal Climate Protection Act)等纷纷出台，将气候与能源目标、目标实施路径、监督管理机制等上升到国家法律层面，并根据立法和执法环境的变化及时进行相应修订。

欧盟成员国根据各自经济、政治、社会情况完成气候立法并实施，为最终在欧盟层面完成统一立法奠定基础，从而为在欧盟层面设计、制定、实施调整范围更为广泛、时间跨度更长的气候能源战略或公共政策提供法律保障。制定《欧洲气候法》(European Climate Law)是《欧洲绿色协议》中一项极为重要的内容。2020 年 3 月 4 日，欧盟委员会提交了关于欧洲气候法的提案。在对文本进行一定调整、修改，2021 年 4 月，欧洲议会和理事会就将相关立法达成临时协议。2021 年 7 月 9 日，欧盟发布

《欧洲气候法》，正式将欧盟到2050年实现气候中和，到2030年温室气体净排放量至少减少55%的目标纳入其中，使其成为欧盟成员国必须履行的法律义务。欧盟委员会提出了涵盖能源、工业、交通、建筑等领域，名为“减碳55”(Fit for 55)的系列气候能源立法提案，绘制2050年“碳中和”目标路线图。

《欧洲气候法》将气候变化问题置于欧盟政策制定的核心，虽然尚未就欧盟及其成员国为实现求中和目标所必须采取的措施作出具体规定，但是已为各国明确了气候立法和政策方向，促使欧盟及成员国确保未来的法规、政策、行动等支持最新的总体气候目标。

(三)推动气候议题融入全球经贸治理体系改革，力图为掌握国际经贸新规则塑造先机

欧盟参与全球气候治理话语权的基础主要来自于其实施所谓领先气候行动的能力与进展。比如，欧盟成为世界上第一个制定到2050年实现气候中和目标的主要经济体，并积极就这一目标与《巴黎协定》缔约方进行沟通，希望在国际气候合作方面保持首倡者的地位。

近年来，欧盟在推动实施碳关税方面最为积极，对世贸组织改革和全球经贸新规则形成的影响较为引人注目。欧盟的碳关税计划是指其拟针对贸易伙伴的碳密集型产品征收关税。2008年，欧盟曾意图将境外航空企业纳入“欧盟碳排放交易体系”，遭到各国政府的普遍反对。在《欧洲绿色协议》中，欧盟再次推动建立所谓“碳边境调节机制”(Carbon Border Adjustment Mechanism)，以此作为促进其经济加快绿色转型、实现气候目标的手段，同时也希望借此扩大其对全球经贸新规则形成的影响力。从2020年初，欧盟加快推进速度，提交碳关税政策影响评估报告，并在完成公众意见咨询程序之后，欧洲议会于2021年3月通过《迈向与世贸组织兼容的欧盟“碳边境调节机制”》，强调该机制并不违反世贸组织规则，与最惠国待遇、国民待遇、一般例外等原则相互兼容。2021年7月14日，欧委会正式提出《欧盟关于建立“碳边境调节机制”》立法提案。2022年3月，欧盟理事会通过了关于“碳边境调节机制”的总体方针，距离最

终实施更近一步。

欧盟强调"碳边境调节机制"是其碳交易市场第四阶段改革行动的一部分，初衷是解决"碳泄漏"问题，同时也将有利于鼓励欧盟贸易伙伴也建立相应机制，共同应对气候变化，促进减少全球二氧化碳排放量。但是，国际社会对"碳边境调节机制"多有质疑与批评，认为将产生贸易保护主义效应，引发连锁反应，在全球范围内激化贸易争端。

三、日本：消极倒退

日本目前是全球第五大温室气体排放国，年排放量超过 11 亿吨。20 世纪后期，随着经济实力快速增长，日本希望在全球事务领域有所作为，展现更强有力的国际形象，一度成为国际气候合作机制的积极推动力量。1997 年，在京都举行的联合国气候变化框架公约第三次缔约方会议，达成了具有里程碑意义的《京都议定书》。但是，后京都时代以来，日本推动、参与国际气候合作的积极性出现弱化。目前，日本拟订并推动应对气候变化的长期战略，承诺将"尽早在本世纪下半叶"实现净零排放，但是缺乏有力的实施政策与措施。

2011 年 3 月 11 日，在日本东北太平洋地区发生里氏 9.0 级地震并引发海啸，导致日本福岛第一核电站、福岛第二核电站出现严重事故。这一事件迅速改变了日本的能源和气候政策取向。

20 世纪 70 年代之后，日本一度大力发展核能。至 2011 年，约有 30%的电力来自核能。但是，福岛核事故发生之后，日本政府重新审查其核能政策，转而实施了一系列燃煤电厂建设计划，弥补因大量核电站关闭造成的发电能力损失，煤电占比迅速回升至 30%以上。据日本资源能源厅发布的《能源白皮书 2021》，在 2019 年度日本发电能源构成中，煤炭占比为 31.8%、石油等占比为 6.8%、液化天然气占比为 37.1%、核能占比为 6.2%、水力占比为 7.8%、新能源等占比为 10.3%。其中，化石能源总计占比已高达 75%以上。

目前看，日本能源消费结构尚不具备发生根本性改变的条件。从根本上讲，仍将受制于日本总体经济状况。近些年，在全球贸易摩擦加剧、新冠肺炎疫情、供应链瓶颈等因素持续抑制下，日本经济萎缩不振。除了产业发展、老龄化、少子化等长期存在的结构性问题，制造业、外贸优势不稳，时常面临“双下滑”压力。2015 年 10 月—2016 年 11 月，曾经出现 14 个月连续下降局面。其强势产业，如汽车、汽车零部件和半导体生产设备的出口下跌幅度相对较大。国内消费市场总体低迷，虽时有振作，但并不足以支持其经济持续增长势头。疫情对日本经济冲击明显。2021 年，其实际经济增长率仅为 1.7%。当前，国际能源市场价格持续飙升。日本原油、液化天然气等燃料进口额 2021 年超过 2000 亿美元，占其进口总额的 20%以上，对其经济复苏形成较大压力。

在日本最新能源计划中，煤电占比下降幅度不大。至 2030 年，仍将达到 26%。在国内保留大量煤电及在海外支持煤电项目的做法尚未根本改变。日本温室气体排放量在 2013 年左右触及达峰水平，政府于 2015 年设定的温室气体减排目标是至 2030 年较 2013 年减少 26%，至 2050 年减少 80%。这一较低水平的目标不足以支持实现《巴黎协定》温控目标所需的减排量。尽管在国际压力下，日本政府更新了承诺，至 2030 年，在 2013 年排放量的基础上减少 46%。但是，仍未提供具有实际内容的方案和切实可行的实现路径。对于以液化天然气作为过渡能源的依赖性较强。而在发展可再生能源方面，日本虽有部署，在某些领域也掌握技术优势，但是由于国内能源管理体制及利益集团等因素，推进速度明显低于国际社会预期。

四、新兴经济体：艰难平衡

在国际气候谈判中，中国、印度、巴西、南非等新兴经济体成为一支重要力量，在塑造国际气候合作机制方面发挥着不可替代的作用。这些经济体面临着类似的局面，就是必须在追求经济增长、社会发展，与能源需求、消费之间维持平衡。

(一)印度

印度位于南亚次大陆，是世界第二人口大国。根据世界银行的分析，全球贫困人口约为 14 亿，印度约占其中的三分之一。自 20 世纪 90 年代，印度开始进行经济改革，经济出现了前所未有的快速增长。21世纪初以来，印度一直保持着较高增长速度，年均经济增长率为6%至7%。以现价美元计算，2020年，印度经济总量为2.66万亿美元，为全球第六大经济体。如以全球购买力平价(PPP)标准计算，印度则已是世界第三大经济体。

进入21世纪以来，随着经济成长、人口增加，印度能源消费量在20年间增加了一倍多。据国际能源署发布的《印度能源展望报告2021》(India Energy Outlook 2021)，2020年，印度一次能源消费总量约为10亿吨标准煤，全球占比近6%，人均消费量为世界人均水平的三分之一，且增势未改。在其一次能源消费需求结构中煤炭为44%、石油为25%、天然气为6%、传统生物质为13%、可再生能源为3%。煤炭、石油、天然气等化石能源占绝对优势。

为确保经济增长势头，突破瓶颈，印度正在并将持续加大对公共基础设施部门的投资。据印度品牌价值基金会(India Brand Equity Foundation)最新发布的《印度工业基础设施报告》(Infrastructure Sector in India)，2019—2023年，印度将投入1.4万亿美元促进国家的可持续发展。煤炭、石油仍将是印度最重要的能源来源，需求将持续上升。这意味着印度的二氧化碳排放排量增长势头短期内不会改变。

据世界银行最新统计，印度每年温室气体排放量约为24.35亿吨，占全球排放总量的7.2%。按照当前印度经济增长率，到2040年，印度的二氧化碳排放量将翻一番，人均排放量将增长至少一倍。

在国际气候谈判中，印度高企的气体排放量及其相对消极的气候政策已经成为全球气候治理的焦点论题之一。

考察印度在气候变化谈判关键问题上的基本观点和立场，可初步把握其基本框架。

1. 关于在谈判中国家的角色定位问题，印度坚称其是面临气候变化最严重后果的发展中大国，摆脱贫穷是其首要任务，应对气候变化能力极为薄弱。气候变化对印度的威胁极具复杂性和严峻性。高温、洪水、暴雨、海啸、冰川退化、海平面上升以及由此带来的水源匮乏、粮食减产、瘟疫流行、生态难民等问题相互纠结。但是，印度尚有 1 亿多人生活在贫困线以下。印度缺乏充足资金和有效技术以缓解和适应气候变化，急需发达工业化国家给予支持援助。印度认为，对于当前世界温室气体累积排放量，发达工业化国家负有不可推卸的历史和现实责任，应当率先采取行动。同时，发展是应对气候变化最为有效的途径，反对因采取任何气候变化措施而阻碍国家经济振兴计划，并拒绝作出量化减排目标的承诺。

2. 关于对温室气体排放量的认识问题，印度在谈判中表达了如下基本观点：一是印度总排放量相对较低。虽然近年来排放量增速较快，但也仅占世界排放总量的约 7%，不应承担与之不相称的责任。二是印度人均排放量极低。据欧盟全球大气研究排放数据库(Emissions Database for Global Atmospheric Research)统计，目前，印度年人均排放量仅为 1.9 吨，美国年人均排放量则为 15.52 吨，世界平均水平为 4.79 吨。印度愿意承诺未来人均排放量将永远不会超过发达国家的平均水平。三是为保证经济发展这一优先目标，解决大批贫困人口生存、用能需求等问题，印度的温室气体排放量仍然需要维持较快增长势头。印度的上述观点主要基于以下判断。

第一，印度排放量基数相对较小，在未来较长一段时期，其绝对排放量将持续增长，但美国等发达国家及中国等发展中国家的排放量亦同步上升，在保持当前经济增长率的情况下，印排放总量的增加幅度并不会超过其他主要温室气体排放国。

第二，印度经济增长主要依靠以 IT 产业为代表的第三产业发展推动。目前，第三产业已占其经济总量的 55%。与重工业相比，这些行业对排放量的贡献较小。

第三，印度地区经济发展水平及人均排放量差异极大，是全球无电人口最多的国家，约达 9900 万人，这些人群几近于零排放。

第四，印度人口保持着高速增长。印度人口自然增长率约为 1.11%，远超中国，目前总人口已达13.8亿。这有助于其长期保持较低的人均排放量。

因此，印度批评发达国家无视自身奢侈的"生活方式排放"而责难发展中国家的"生存排放"是压迫发展中国家的合理发展空间，背离公正原则，主张各国应在人均排放量的基础上讨论减排责任的分担问题。

3. 关于促进温室气体减排的市场化途径问题，印度认为当前机制存在严重缺陷。清洁发展机制(CDM)是《京都议定书》框架下推动减排的市场化机制之一。印度对该机制的效果和前景持批判态度，认为市场化机制，如清洁发展机制项目等的发展不应成为经济落后国家获取应对气候变化资金和技术的主渠道。其理由是，碳市场易受商业利益左右而偏离机制设立的初衷，交易双方开展合作的技术领域也并不一定符合发展中国家的真正需求。印度在此问题上务实功利态度显著。在对机制表示异议的同时，印度积极参与其事，成为注册项目总数最多的国家之一。

4. 针对量化减排指标问题，印度始终拒绝承诺，认为其并非根本解决之道，替代性能源和低碳技术的研究与开发才是气候变化应对之道。印度将此类活动纳入国家经济发展战略规划，将发展可再生能源作为应对气候变化的核心战略之一。据印度国家投资和促进与便利机构(National Investment Promotion & Facilitation Agency)研究，在新能源及可再生资源中，印度尤其鼓励核能、太阳能、风能等具有一定国际竞争力行业的发展，实施资金补助和政策扶持计划。2015年以来，印度可再生能源装机容量大幅增长286%，已经超过151吉瓦。

面对国际气候谈判形势的变化，印度在坚持基本立场和观点的同时，也适时调整其气候政策，减少外部压力，为其国家发展利益服务。

1. 高调宣示印度积极承担国际责任的姿态。印度在国际场合反复强调虽然经济发展和消除贫困为其优先任务，但对于适应和减缓气候变化领域的投入已经超过其经济总量的2%，并将继续增长。2007年，印度政府即宣称着手制定应对气候变化的国家方案。此举成为印度政府正视气候变化问题，整合能源、环境等相关政策的标志性姿态。印度对气候变化对其经济与社会的影响具有充分的认识，成立了总理主持的“总理气候变化委员会”作为国家气候政策协调机制，颁布了《气候变化国家行动计划》。在国际气候谈判中，印度站在发展中国家阵营，是“七十七国集团＋中国”的中坚力量之一，对于形成“基础四国”机制发挥了重要作用。从历史上看，印度的态度总体较为强硬，灵活性不足。但是，面对新的形势，也在不断调整。在2015年的巴黎气候大会上，印度宣布，到2030年，将碳强度从2005年的水平降低33%～35%，可再生能源装机容量占比升至40%，并承诺通过扩大森林植被等，创造25亿～30亿吨二氧化碳当量的碳汇。2021年，印度在格拉斯哥气候大会上宣布，到2070年实现净零排放，2030年，碳强度较2005年降低45%，并进一步提高可再生能源装机容量至500千兆瓦。

2. 积极运筹国际气候谈判，确保在国际气候合作机制中的话语权。一方面，印度坚持联合国框架及京都机制的合理性与有效性，坚持谈判需要在联合国框架下进行，对于在G8＋5、二十国集团、世界重要经济体能源与气候会议、地球气候峰会等国际场合就气候变化议题交换看法乐观其成，但仅是对谈判进程起到补充作用，而不是以此替代联合国框架。另一方面，印度发掘当前机制设计和运行效果等方面的不足，作为反对发达国家向发展中国家施压的论据。印度还批评，无论京都机制还是巴黎模式都存在一个共同的问题亟待解决，即无法确保实现发达国家向发展中国家的资金与技术转让。国际气候谈判在发达国家的压力下，转向发展中国家责任问题，导致核心议题偏离。

3. 意图转移国际压力。针对美国一度提出的要求印度承诺量化减排指标问题，印度称接受美国的提议就如同接受了气候变化领域的《不扩散核武器条约》，仅仅因为发展水平的差异而不能享有公平的权利与义务。在国际气候谈判中，基于发展中国家的基本立场，中印有诸多共同或相似利益诉求。两国也都是“基础四国”磋商与协调机制的成员。然而，在多个场合，印度并不希望国际社会将其与中国等而视之，并刻意与中国加以区隔。印度强调，虽同为排放大户，但中国已成世界第一排放大国，且在能源效率方面，印度的表现也优于中国。在气候变化领域，发展中国家集团的需求具有很大共性，但是内部利益诉求也并不完全一致，尤其是在减排问题上协调难度加大。在日益升高的国际压力下，更是易生龃龉。但是，资金与技术转让机制具有促进经济增长和减少排放量的双重效果，印度并不愿意发展中大国之间的合作出现深刻裂痕，而是乐于推动特定议题。作为“七十七国集团＋中国”的组成部分，“基础四国”已经成为当前谈判中维护发展中国家权益的中坚力量。印度也珍视该机制在设计发展中国家减排方案的作用。

（二）巴西

巴西是拉美地区面积最大、经济发展水平最高的国家，温室气体排放量占全球总量的约3%。城市化率高达85%。在其经济结构中，服务业所占比重超过三分之二，工业不足三分之一，且以轻工业为主。进入21世纪以来，巴西经济增长速度不稳定，波动较大。2010年，增长率曾高达7.5%，此后即陷入停滞，甚至屡次出现负增长。

根据最新发布的《BP世界能源统计报告》，2020年，在巴西的能源消费结构中，石油为38.36%，天然气为9.63%，煤炭为4.82%，核能为1.36%，水电为29.35%。由此可见，巴西与中国、印度不同，温室气体排放量最大的煤炭占比很低且呈下降趋势，清洁的水电消费比例则较高。再加上领先的甘蔗乙醇、生物柴油、风能等，清洁能源使用已占其所有能源消耗量约40%。近些年来，巴西的钢铁、化工、石化、造纸等以化石燃料为主的行业发展较快，特别是亚马孙热带雨林砍伐，导致排放量大幅跃升，1990年以来翻了一番多，达21.6亿吨。

1992年6月4日，世界环境与发展大会在巴西的里约热内卢举行，通过《联合国气候变化框架公约》，巴西成为第一个署约国。此后，巴西在气候谈判中相当活跃。曾经在京都会议之前提出基于历史责任划分减排义务的《巴西案文》，影响广泛。由于境内亚马孙雨林面积因滥砍、滥伐、饲养牲畜等原因迅速缩减，巴西在推动“减少因砍伐森林和森林退化导致温室气体排放”（REDD）方面表现积极，要求发达国家提供必要资金，补偿发展中国家在保护森林方面作出的努力。

在谈判中，巴西与发展中国家集团基本立场一致，支持“共同而有区别的责任”原则，批评发达国家回避设定量化减排目标，呼吁发达国家给予发展中国家资金和技术援助。

1. 设定缺乏约束力的“指示性”减排目标。在哥本哈根气候大会前，巴西曾提出，到2020年，温室气体排放量将减少36.1%至38.9%，成为第一个愿意设定量化减排目标的新兴经济体。但是，近些年，巴西政府为经济利益考虑，主动减排的积极性下降。2020年，巴西向联合国提交所谓“指示性”目标，即在2005年水平上，到2025年减排37%和到2030年减排43%，到2060年达到净零，但条件是获得每年100亿美元的国际可持续发展支持赠款。2021年4月，巴西将实现净零排放目标的时间提前至2050年。但是，并未提供充分的相关信息。

2. 强调历史责任和公平原则。巴西对待京都模式和巴黎模式态度不同。在关于《京都议定书》第二承诺期的谈判中，巴西要求各方尊重《京都议定书》，认为其是能够确保发达国家如期完成减排目标的唯一具有约束力的法律文件，支持附件一国家设定中长期减排目标，即2013—2017年，在1990年的水平上削减20%。2018—2022年，削减45%。对于《巴黎协定》，巴西行动表现敷衍，自主贡献方案中所设定的气候目标较为宽松。据测算，巴西设定的2030年减排目标与升温4℃一致。在构建气候变化长期合作行动的“共同愿景”方面，巴西坚持应以落实《联合国气候变化框架公约》原则为基础，将应对气候变化与可持续发展结合起来。在最近的谈判中，巴西提出关于发达国家和发展中国家勾画减排“同心圆”的主张，即发达国家在全经济领域实施绝对减排，形成“内圆”，而对发展中国家的减排要求相对宽松，形成“外圆”。

3. 坚持发展中国家需要发达国家的资金和技术援助。巴西实现减排目标将得到国内资金的大力支持。但是，发达国家的援助必不可少。希望美国、欧盟等关于气候资金等相关允诺落到实处。过去十年，巴西成为全球森林年均净损失面积最大的国家。对亚马孙热带雨林的滥砍滥伐已经成为巴西最大的温室气体排放来源。巴西尤其关注森林“碳汇”和“减少因砍伐森林和森林退化导致温室气体排放”(REDD)问题，希望能够达成协议，为巴西等发展中国家保护和经营森林资源提供资金。巴西强调，技术转让并不等同于技术贸易，发展“绿色经济”需要先进的低碳技术，但是成本不能由发展中国家负担。

目前，巴西与中国、印度、南非建立起“基础四国”协调与磋商机制，成为发展中国家集团的中坚力量和代表，自哥本哈根气候大会以来，其谈判立场和政策与其他成员保持一致。巴西与中国也建有双边的气候变化与可持续发展高级别磋商机制。同时，巴西与欧盟、美国等在气候领域开展合作，在资金援助及新能源技术方面互动增强。在谈判中，双方相互借重。巴西期待发达国家的资金允诺得以兑现；发达国家则看重巴西在发展中国家集团中的影响力，支持自己在谈判中继续发挥主导作用。总而言之，巴西基本上属于发展中国家集团，但是立场和政策相对灵活，可以成为发达国家与发展中国家之间沟通的桥梁。

(三)南非

南非位于非洲大陆南端，是非洲第二大经济体，但是工业化程度最高，属于中等收入的发展中国家。矿业、制造业、农业和服务业是其四大支柱产业。

南非经济在 2008 年国际金融危机之前几年，年均经济增长率超过 5%，之后增速明显放缓。虽有时有回升，但在 2020 年新冠肺炎疫情冲击下，急转直下，急剧收缩 7%。

根据最新发布的《BP 世界能源统计报告》，2020 年南非的能源消费结构是煤炭为 71.04%、石油为 20.74%、天然气为 2.98%、核能为 2.82%、风能为 1.27%。南非依然是世界上煤炭消费比重最大的国家。南非煤炭资源储量丰富，约为 610 亿吨，居世界第六位。南非能源工业基础雄厚，电力工业较发达，发电量占全非洲的三分之二，而其中 84% 以上来自燃煤发电。

南非是非洲二氧化碳排放量最高的国家。2020 年，二氧化碳排放量约为4.35亿吨，在全球位列第12位，人均排放量高于全球平均水平，预计能源需求将稳步上升。南非能源消费结构以煤炭为主，清洁能源增长缓慢，碳强度也较高，是英、法等国的约十倍。随着优质煤资源减少，南非从可持续发展考虑，向低碳经济转型的积极性较高。

1. 制定减排目标实现发展的"公正转型"。2009年，哥本哈根气候大会前夕，南非发布《减缓气候变化长期情景》(Long-Term Adaptation Scenarios)称，至2020年，在正常水平的基础上削减34%的排放量，至2025年，削减42%。南非与巴西一样没有采用碳强度，即单位经济总量碳排放指标，而是绝对减排量指标。南非兑现承诺的前提是国际社会达成公正而有效的减排新协定，发达国家能够给予其技术与资金支持。2011年12月，《联合国气候变化框架公约》第17次缔约方会议暨《京都议定书》第7次缔约方会议在南非海滨城市德班召开，大会通过决议，建立德班增强行动平台特设工作组，决定实施《京都议定书》第二承诺期并启动绿色气候基金。2015年《巴黎协定》达成后，南非于五年后发布《低碳减排发展战略》(Low-emission Development Strategy)，正式回应协定关于各国制定长期气候战略的要求，绘制了"达峰—平台—下降"(peak-plateau-decline)减排路线图，以实现兼顾减排与发展的"公正转型"，并提出一系列涵盖国民经济各领域的适应和减缓气候变化的政策措施。2021年，南非提交国家自主贡献方案，并作出至2050年实现碳中和的目标。

2. 支持联合国框架作为国际气候合作机制的核心。南非在国际气候谈判中表现积极，为非洲国家代言，支持《京都议定书》进入第二承诺期，并要求就其实质内容展开讨论和谈判，始终坚决反对部分发达国家迫其失效的做法。《巴黎协定》达成后，南非先后提交预期国家自主贡献方案和两版国家自主贡献方案，不断提高气候雄心，基本对应《巴黎协定》中将温升限制在2℃以内的目标。2020年，南非成立了总统气候变化协调委员会，强化国家经济实现低碳转型的统筹协调工作。

3. 持续推出财政、税收措施，支持可再生能源发展，提高能效，促进减排。南非政府希望通过发展清洁能源逐渐降低对燃煤发电的依赖。

2006年，南非发布《环境财政改革政策草案》(A Framework for Considering Market－Based Instruments to Support Environmental Fiscal Reform in South Africa 2006)，明确要引入环境税和奖励措施，引导南非未来经济增长朝更加可持续方向发展。2009年，南非国家能源监督管理局(NERSA)实施可再生能源上网电价制度(REFIT)，被视为南非第一个成功实施的温室气体减排项目。2011年，启动可再生能源独立电力生产商采购计划(REIPPPP)，实行竞争性招标，目前已经启动第六轮招标。通过这一计划，将在2030年之前可再生能源装机容量达到17.8吉瓦。为鼓励私营部门参与可再生能源部署，2016年修订《所得税法》，允许可再生能源资产加速折旧。2008年，南非可再生能源发电仅占其电力生产来源的0.63%。2020年，这一数字上升至6.25%。

2019年6月，南非颁布《碳税法案》(Carbon Tax Act of 2019)，覆盖能源消费领域41%的碳排放，成为第一个实施碳税的非洲国家。2005年和2016年，南非政府先后发布两版《国家能效战略》(National Energy Efficiency Strategy)，提高能源利用效率，降低能源强度，加强能源安全。

在近期的国际气候谈判中，南非赞成使用“公平参考框架”(Equity Reference Framework)，主张对各国提交的国家自主贡献方案、全球减排承诺进行比较分析、评估，在此基础上，衡量并督促各国作出应有的贡献。

(四)其他谈判主体

由于地理环境、发展水平等存在较大差异，广大发展中国家在参与国际气候谈判时还可以细分为其他若干集团，如非洲及最不发达国家、小岛国联盟及美洲玻利瓦尔联盟等，在不同议题上各自发挥着独特的作用，下面做一简要介绍。

非洲及最不发达国家是温升不超过2℃、温室气体在大气中的浓度不超过450ppm目标的坚定支持者。在资金与技术转让方面，强调其经济与社会对气候变化影响的极端脆弱性，呼吁对非洲及最不发达国家给予特别关注，尤其是希望快速启动资金能够尽早落实，足额到位，以增强其应对气候变化的能力。

小岛国家联盟(Alliance of Small Island States)强调气候变化对其生存的严重威胁，要求国际社会采取更严格的减排措施，并提出温升不超过1.5℃，温室气体在大气中的浓度不超过350ppm的目标，积极推动《巴黎协定》将1.5℃作为全球温控目标。在资金援助问题上，小岛国强调发达国家的历史责任，认为发达国家的援助力度不足，要求其提供的援助资金须达到其经济总量的1.5%，并呼吁尽速落实快速启动资金，建立稳定、有效筹资模式，建议通过实施行业减排等筹措资金。在减排责任分担的问题上，小岛屿国家联盟呼吁尽快加快谈判进程，排放量迅速增长的发展中大国应以某种形式承担量化减排指标。小岛国联盟提出的相对激进的温室气体控制目标得到不少国家的支持，常与欧盟采取一致立场，要求所有国家进一步加大减排力度，这也是《公约》力图推进的方向，但是面临的阻力仍大。

美洲玻利瓦尔联盟(Bolivarian Alliance for the Peoples of Our America)系位于拉丁美洲及加勒比地区的玻利维亚、委内瑞拉、尼加拉瓜等九国组成经济及战略同盟，成立于2004年。在国际气候谈判中，其成员采取一致立场，常站在发达国家集团的对立面。在哥本哈根气候会议上因其激进立场表现抢眼，提出“美洲玻利瓦尔替代方案”，意识形态色彩浓厚。其主张包括：在共同愿景方面，该联盟主张全球温升不超过工业革命前1℃，温室气体在大气中的浓度控制在300ppm以内。在中期减排行动方面，支持谈判在联合国框架下进行，要求发达国家承担历史责任并率先大幅度减排，且不能通过碳交易模式实施减排。在谈判中就减排的资金援助问题上，该联盟曾要求发达国家以其经济总量的6%作为公共资金来源，无条件援助发展中国家应对气候变化。在国际气候制度构建方面，提出设立每年进行全球气候变化问题公投，倡议设立国际气候法庭，监督《联合国气候变化框架公约》的执行情况。但是，近些年，该联盟因主要成员经历政治波动，且在气候政策方面出现裂痕，组织凝聚力有所削弱。

在本章中，给予较多笔墨论及的谈判主体是在长期国际气候合作进程中相对活跃、影响力较广的角色。国际气候谈判主体各自的情况以及分野非常复杂，如果依照特定的标准进一步细分，还会看到一些不同的利益群体，其主张、诉求也各有特点。同样来自拉丁美洲和加勒比地区的还有"拉丁美洲和加勒比独立联盟"(Independent Alliance of Latin America and the Caribbean)，明确声称在国际气候变化谈判中走调和南北方立场的"第三条道路"。该联盟在多哈气候大会上形成，积极参与了关于发达国家和发展中国家责任、《巴黎协定》格式及国际自主贡献方案审议、气候资金等问题的讨论。2005 年成立的"雨林国家联盟"(Coalition for Rainforest Nations)旨在推动国际社会统筹考虑应对气候变化与减少森林砍伐、科学利用林业资源、促进相关国家经济发展，在促成世界银行"森林碳伙伴关系基金"(Forest Carbon Partnership Facility)和联合国"减少因砍伐森林和森林退化导致温室气体排放"计划等方面发挥了重要作用。"气候脆弱国家联盟论坛"成立于 2009 年，成员主要是受气候变化负面影响较大、经济及环境脆弱性强的国家，如孟加拉、马尔代夫、菲律宾、埃塞俄比亚、肯尼亚，旨在督促强化工业化国家积极承担气候变化责任，提升国际气候行动力度等。

第三章　全球治理视角下的国际气候合作

第一节　全球治理及其困境

一、全球治理体系发展及现状

（一）全球治理溯源

“全球治理”概念的出现与全球化发展密切相关。20世纪80年代以来，全球化现象在经济、科技、文化、军事、生活方式等领域日益突出。随着全球化深入发展，冲突、气候、环境、资源、金融、恐怖主义等跨境问题或者说全球性挑战不再是凭借一国之力或传统国际合作方式所能应对或解决。

对此，美国政治学家詹姆斯·罗西瑙（James N. Rosenau）较早在其所著《没有政府的治理》中将“治理”概念引入国际关系领域。[①] 1995年，《全球治理》创刊号认为全球治理是“从家庭到国际组织等各层次人类活动的规制体系，在其中通过运用控制权达成目标，并由此产生跨国影响”。该表述强调对体系中主导者对其他主体行为的影响与控制。

国内学者也即展开相关研究，特别是2000年以后，关于全球治理的论述显著增多。对全球治理理论性质，绝大多数赞同“全球治理理论是一种新的国际关系理论和分析框架，蕴含于其中的全球合作模式深刻地反映了全球化进程中所出现的国际合作的新特征和新问题”。但是，关于全球治理概念，国内学界并未达成一致，几种影响较大的代表性观点如下。

---

① Rosenau，J and Czempiel，*Governance without Government*：*Order and Change in World Politics*. London：Cambridge University Press，1992.

俞可平认为，“所谓全球治理，指的是通过具有约束力的国际规制解决全球性的冲突、生态、人权、移民、毒品、走私、传染病等问题，以维持正常的国际政治经济秩序”。[①] 唐贤兴认为全球治理的内涵是“政府组织、非政府组织、跨国公司、私人企业、利益集团和社会运动的其他行为主体。它们一起构成了国家的和国际的某种政治、经济和社会调节形式；这些主体相互依存，以共同的价值观为指导，以达成共同立场为目标进行协商和谈判，通过合作的形式来解决各个层次上的冲突”。[②] 吕晓莉认为，“全球治理意指多元化、多层次的治理主体为了增进彼此利益而相互调试目标，共同解决冲突，协商合作地管理全球性事务的过程，从一定意义上讲，它所指的是观察全球生活的高度复杂性和多样性而设计的概念”。[③] 王乐夫等则认为，“全球治理可以被看成是全球化时代全球公共事务的管理方式”。[④]

1995 年，联合国全球治理委员会对全球治理的定义是“各种各样的个人、团体处理其共同事务的总和。它是一个持续的过程，通过这一过程，各种相互冲突和不同的利益可望得到调和，并采取合作行动”。[⑤]

综合上述，所谓全球治理是各国在其主权得到尊重的前提下，以共同遵循的管理、行动规则为基础，建立并向国际多边合作机制让渡部分权力，通过沟通和协调方式解决共同面临的全球性问题。

全球治理的探索实践先于全球治理理论的产生。全球治理体系的萌芽可回溯至 19 世纪初至中叶由维也纳会议奠定的国际均势体系，“一战”后建立的国联体系、“二战”后及冷战后以联合国为中心国际政治经济秩序。因此，可以说全球化浪潮涌动推动了关于全球治理理论的探讨，是对国际政治经济发展历史及现实的回应和理性思考，对全球治理体系及其水平提出了更高的要求。

---

① 俞可平：《论全球化与国家主权》，《马克思主义与现实》，2004 年第 1 期，第 4—21 页。

② 唐贤兴：《全球治理：一个脆弱的概念》，《国际观察》，1999 年第 6 期，第 21—24 页。

③ 吕晓莉：《全球治理：模式比较与现实选择》，《现代国际关系》，2005 年第 7 期，第 8—13 页。

④ 王乐夫、刘亚平：《国际公共管理的新趋势：全球治理》，《学术研究》，2003 年第 3 期，第 53—58 页。

⑤ Our Global Neighborhood，http：//www. gdrc. org/u-gov/global-neighbourhood/chap1. htm.

（二）全球治理机制现状

关于构建全球治理机制有相互关联、各有侧重的三种主张。一是国家中心主义，强调主权国家或者民族国家在全球治理中发挥核心作用，主张巩固国家实力与权力，通过地缘政治策略维持世界秩序。二是全球主义，强调各国在价值观一致或取得共识的基础上，达成对所有参与者具有约束力的法律、条约、章程等，以应对全球问题。三是跨国主义，强调“自下而上”对国际社会进行多层民主治理。治理主体不能仅以主权国家为中心，还须依靠发展非政府组织、公民社会以及跨国公司等市场力量，最终建立全球公民社会。

不管上述主张为何，其共同点是主权国家是全球治理中不可或缺的最重要行为体。全球化削弱和限制了国家权力，国家主权有所弱化，但国家仍在全球治理实践中发挥着不可替代的作用。在特定国际机制内的国家间合作是有效应对或解决全球性问题的重要渠道。而且不可否认的是，当前主要国际机制的建立与全球主要国家特别是大国的国家利益和战略需求、目标密切相关。

现在全球治理机制大多是在“二战”后由美国等西方发达国家主导建立起来的。主要包括，一是国际经济与社会机制，由国际货币基金组织、世界银行、世界贸易组织（前身为“关税与贸易总协定”）、世界卫生组织等组织及其基本原则、规则、程序等构成；二是国际政治与安全机制，由联合国及其安理会、维和机构、裁军机构等组织及其基本原则、规则、程序等构成。与全球性机制相辅相成的还有地区或区域层次的相关机制。如北美自由贸易协定等经济机制，北约等军事、政治机制。

全球治理机制包括治理主体、治理对象、治理规则和治理手段及效果等要素的综合结构，是随着国际社会发展变化而不断调整的动态结构。所有全球治理机制的综合构成全球治理体系。

（三）当前全球治理机制面临的问题

2007—2008 年全球金融危机对形成于“二战”后的当前全球治理机制造成重大冲击，暴露了其难以调整的内在缺陷。

从治理主体看，由于当前全球经济治理机制均由美国等西方发达国家主导建立。全球治理主体大致可分为三类：第一，主权国家；第二，政府间国际组织，如联合国、国际货币基金组织、世界银行、世贸组织等；还有政府间建立的区域或地区组织；第三，全球公民社会组织，如各类国际非政府组织、跨国公司等。在金融危机冲击下，发达国家或主要国际金融机构根本没有能力稳定和挽救局势，不仅自身深陷危机难以自拔，而且其本身常常就是导致危机的原因。全球金融危机的导火线即是发源于美国的次贷危机。而中国、印度等新兴经济体难以充分、有效地参与全球经济治理决策，与其已经迅速增长的经济体量和全球影响力不相匹配。而且，在危机之下发达国家束手无策之际，中国的救市决策、行动和效果更进一步揭示了当前全球经济治理体系的失能。而实际上，美国等发达国家也对现有治理体系不满，认为其为发展中国家提供了进行不公平贸易的机会，使得发达国家在国际竞争中处于不利地位。

从治理对象看，全球性问题数量、涉及层次和领域日益增多和复杂。当前全球治理机制面对这一现实力不从心。全球性问题主要分为：全球安全，如武装冲突、核武器及大规模杀伤性武器的研制与扩散；国际经济，如全球金融市场、南北问题、全球贸易等；环境、气候与能源，包括气候变化、资源开发与利用、动植物保护等；跨国犯罪，如恐怖主义、走私等；人权问题，如种族灭绝、非法移民、疾病传染、饥饿等。随着全球化的深化，治理对象还有进一步增加的趋势。如在《联合国气候变化框架公约》下进行的全球气候谈判多次受挫，2009 年哥本哈根气候大会未能如期达成《京都议定书》替代协议。经过数年艰难谈判，终获《巴黎协定》。而之后美国特朗普政府则决定退出，对全球气候治理机制的覆盖范围和实施效果造成不小冲击。

从治理规则上看，全球治理机制是以参与主体共同接受的规则为基础的。但是，当前许多机制规则面临多方的质疑和挑战。美国是关贸总协定及后来世贸组织的主要推动力量，借之确立了全球自由贸易规则。但是，多年来美国等发达国家对其高度不满，认为中国等新兴经济体利用了自由贸易机制所给予的市场机会，借国家资本主义手段，开展不公平贸易，抢夺其市场，破坏其就业机会。奥巴马意图通过“跨太平洋伙伴关系协定”(The Trans-Pacific Partnership，TPP)订立更高标准的国际贸易新规则，约束新兴经济体及其他发展中国家，维持国际竞争优势地位。广大发展中国家也对当前世贸组织机制所体现的全球自由贸易规则不满，认为其主要为实力强大的国家和企业的利润增长服务，而非关注国际社会的公平、平衡发展。

从治理机制的自我适应能力看，不能反映全球性问题发展变化的现实。关于2007—2008年金融危机，旧有的国际金融治理机制既未于事前发挥预警、预防或遏制作用，也难以在危机来临时采取有效应对举措。美国本身就是危机发源地，日本、欧盟等西方发达经济体普遍陷入调整，国际经济直落低谷。在七国集团等旧有治理机制失能的情况下，二十国集团应运而生，成为国际社会讨论和解决危机期间各类议题的主要论坛。中国通过二十国集团等平台积极推动国际协调行动应对危机，并实施总额达4万亿元人民币的刺激计划，保持自身经济高速增长，带动新兴市场经济复苏，遏制全球经济下滑，推动了全球经济治理体系变革进程。

当前全球治理体系并不存在有效的动态调整机制，无法从根本上解决既有利益格局积累的内在矛盾，甚至会导致矛盾激化。美国等体系主要国家与新兴国家之间常常只能通过双边和多边磋商或个案处理的方式，达成暂时调整方案，无法满足新兴国家和更多发展中国家的合理利益诉求。

二、去全球化现象冲击全球治理体系

全球化是全球治理体系的前提和基础。当前的“去全球化”现象不会对全球治理体系变革的进程造成真正冲击。

20世纪90年代，“去全球化”运动由西方社会的劳动群体推动，主要是反对正在兴起的贸易投资自由化、开放市场潮流等对其就业造成的威胁。1999年，世贸组织西雅图会议期间爆发“反全球化运动”是其顶峰。2007—2008年金融危机以后的“去全球化”声浪则由西方发达国家上层掀

起，如美国总统特朗普，这不仅是其选举策略和政治口号，也表达了部分发达国家对中国为代表的新兴经济体在全球体系中通过“搭便车”而不断发展壮大的不满。这一做法也得到部分西方国家劳动群体的呼应。“去全球化”现象似乎得到英国脱欧，欧洲难民危机、民粹主义抬头等事件的印证。

真正实现所谓“去全球化”将显著降低全球体系成员之间在经贸等领域的相互依赖和一体化水平。但是，现实情况是金融危机后全球贸易平均增长率超过各国经济复苏的平均速度，各国之间的相互依赖程度不断提高。可以预见，全球化势头将继续向更广、更深的方向发展。

国际制度、机制是美国维护其全球秩序主导权的重要支柱，也是当前美国与新兴国家围绕国际力量结构和利益分配格局大调整展开较量的矛盾焦点。国际制度、机制借助制度化的力量，确定参与各方获取利益所须遵循的规则。在传统全球经济治理机制下，以美国为首的西方发达国家拥有对国际贸易、金融、投资的体制、规则的主导权，决定“游戏规则”。而中国等新兴力量崛起及其发展模式对这一制度、机制、规则造成空前冲击。

美国特朗普政府频频采取贸易保护主义措施，如重谈《北美自由贸易协定》和《韩美贸易协定》、对中国企业频频发动“双反”调查、严审中国对美直接投资、指责世贸组织无能等。这些并非美国实施“去全球化”政策的表现，其实质并不是真正反对资本、资源、人员等在全球范围自由流动，而是希望按照自己的意愿流动，即意图改造当前全球治理体系，重订体系规则，堵塞可资利用的“漏洞”，抑制中国等发展势头，争取未来新一轮全球化的领导地位，以继续保持在新全球治理体系中的主导权。

三、全球治理体系亟待变革

（一）国际力量结构深刻改变：中国上升

当前国际关系正处于结构性变化时期。冷战结束以后，新兴经济体和部分发展中国家群体性崛起，传统工业强国也获得较迅速的发展，特别是新兴经济体中增长最为迅速的中国显著改变了国际力量对比，美国

“一超独霸”的国际力量格局逐步发生变化。而全球金融危机以来，中、美等主要国家之间的绝对和相对力量的结构性变化更为显著。2007—2016 年，全球经济“蛋糕”不断做大，经济总量由 57.79 万亿美元升至 75.54 万亿美元。中国经济保持高速增长，2007 年、2010 年先后超过德国、日本成为世界第二大经济体，由不足日本经济总量的 80%反超为 2.5 倍多，与美国的差距也由 4.07 倍缩减至 1.64 倍。2014 年，中国经济总量再跃至 10.48 万亿美元，成为除美国外全球唯一经济总量超过 10 万亿美元的国家。同期，中国经济虽进入“新常态”，但年均经济增长率仍超过 8.7%。美国经济则自 2009 年触底反弹后进入缓慢增长状态，增长率一直在 2%上下波动。2007—2016 年，美国经济总量由 14.48 万美元增至 18.57 万亿美元。在全球经济总量中占比由 25.05%微降至 24.58%。同期，中国经济总量在全球占比则由不足 6.15%升至 14.82%。中国经济增速虽有减缓，但已呈赶超美国势头。

中国实力增长等因素使得长期由美国等西方国家主导的全球治理体系面对调整压力。以经济治理体系为例，一方面，中国更深入参与全球经济治理体系变革。2010 年 4 月，中国在世界银行投票权从 2.78%提高到 4.83%，超过德国、英国、法国，居美国、日本之后，成为世界银行的第三大股东国。美国、日本投票权分别由 16.39%、7.86%微降至 16.16%、7.49%。2016 年 10 月起，国际货币基金组织认定人民币为可自由使用的货币，加入特别提款权货币篮子，权重为 10.92%，排在美元的 41.73%、欧元的 30.93%之后，位居第三，超越日元和英镑。这一决定确认了中国在全球金融市场的新地位，对国际货币和金融体系改革及全球经济影响深远。中国在二十国集团中影响力稳固，并推动二十国集团峰会成为规划全球经济中长期发展战略的机制化平台。另一方面，中国尝试参与或推动创设新的全球经济治理机制。2015 年 6 月，亚投行宣告成立，这是第一个由中国倡议设立的国际多边金融机构，中国占总投票权的 26.06%。目前，成员数由成立时的 57 个扩至 80 个。七国集团中仅美国、日本尚未加入。中国积极支持东盟主导的《区域全面经济伙伴关系协定》(Regional Comprehensive Economic Partnership，RCEP)完成谈判。2022年1月1日，协定正式生效实施，成为全球覆盖人口最多、经贸规模最大的自由贸易区，人口数量、经济体量、贸易总额等均占全球总量的约30%，将亚太区域经济一体化推上新水平，并为未来建设更大范围的亚太自贸区奠定基础。中国为代表的新兴经济体正在推动全球事务话语权向发达国家和发展中国家合作治理的方向转变。

(二)国际利益格局深度调整：融合大于分歧

在国际社会中，国际利益格局主要是以民族国家为主的行为体在追求和实现自身利益的过程中形成。在此过程中，各国基于自身综合国力及战略目标，相互竞争与合作，在调整与妥协中就利益分配与安排达成暂时一致。一般而言，国家利益可以从四个方面加以考察，即安全、政治、发展和形象。安全利益主要涉及生存权，如领土、主权等不受侵犯；政治利益主要涉及权力的分配与运用，如联合国安理会常任理事国资格；发展利益主要涉及经济福利等，如《京都议定书》下的排放权；形象利益主要涉及国家形象，如经济援助、国际传播能力等。这四个方面并非截然分开，而是相互交叠、关联，相互作用的。

在国际力量结构发生深刻变化的背景下，当前国际利益格局正在经历重大调整，同时出现不可分割的两种趋势。一方面，各方利益诉求多元化，调和难度上升。在国际金融体系改革领域，新兴经济体和西方发达国家围绕国际货币基金组织总裁选举、中国人民币权重等问题展开激烈角力，主张自身话语权。金砖五国联合发表《三亚宣言》，呼吁建立具有更广泛基础的国际货币储备体系，以打破西方主导格局。在气候变化、网络安全等新问题领域，主导权和规则制定权的争夺激烈、分歧突出。关于国际网络安全，中国、俄罗斯等主张在联合国框架内建立国际互联网行为准则。美国、英国等视中国、俄罗斯等为网络完全、信息自由流动的威胁，并率先将军事结盟策略应用于网络空间。美国计划将网络战纳入与盟国的“共同防御条约”。另一方面，面对更多样、更复杂的全球性挑战的压力，各国利益在诸多领域也出现融合趋势。在全球应对气候变化领域，发展中国家和发达国家利益对立严重，哥本哈根气候大会遇挫。但国际社会日益认识到该问题关乎全球共同利益，任何国家无法置身事外，其生态、环境、人口、经济、社会等后果不仅影响发展中国家的利益，也事关发达国家的稳定与未来。基于此，各国达成由国家自主贡献方案支撑的《巴黎协定》。

面对越来越多的全球性问题，各国客观上形成“你中有我、我中有你”的利益共同体、生存共同体或发展共同体，任何国家都无法“袖手旁观”“独善其身”，也没有能力独力应对和解决。各国利益诉求存在分歧，甚至是在一段时期尖锐对立，但是最终仍需坐下来一起讨论，寻求突破之道。

（三）新全球治理理念形成：共商、共建、共享

当前，无论是发达国家还是发展中国家均不满冷战后的国际秩序和全球治理体系，但是，通过战争、殖民、划分势力范围、冷战、遏制等改变现状的方式，正逐步向更具包容性的变革方式演进，并赢得更广泛认同与支持。这种包容性变革方式以沟通、协调、磋商、谈判为主要手段，注重兼顾、平衡各方利益，依靠各参与主体的合作来实施治理措施，实现变革目标。这是以“共商、共建、共享”为特征的新全球治理理念，是对冷战后以“霸权稳定”思维为基础的国际关系准则的超越。

首先，“共商”突破了“二战”后和冷战后两次构建的西方中心主义的国际秩序结构，有助于增强新兴经济体和发展中国家对全球事务的话语权，反对国际秩序中等级格局，顺应了发展中国家群体力量增强要求全球治理体系变革须反映其利益主张的形势。亚投行即为促进区域内互联互通创建了全新的沟通平台。

再者，“共建”意在汇聚各方参与者的力量，为了共同目标，各展其能，相互之间并非主从关系，而是伙伴关系。这一理念促使各方主动参与全球治理体系变革进程，为新机制、新规则的制定、落实贡献方案，而非袖手旁观或被动接受体系主导者制定的规则和行动。“一带一路”沿线各国以适合自身国情的形式开展合作即是充分体现。

最后，“共享”旨在扭转旧体系不公平、不合理的利益分配机制。如前所述，各国间已经形成密切联结的利益共同体。新体系为参与各方提供平等的发展机会，促进全球福利普遍增长，同时改变霸权国“强者通吃”的利益分配机制，兼顾各方利益，共同分享发展成果。

中国作为这一理念的主导者和倡导者所做的尝试与实践赢得广泛支持，如践行“一带一路”倡议，促使《巴黎协定》尽早生效，积极参与并支持东盟主导的《区域全面经济伙伴关系协定》(RCEP)等区域经济合作机制终获突破，推动二十国集团继续在全球贸易、投资自由化领域发挥重要协商平台的作用等。

(四)变革全球治理体系行动：务实

对于当前全球治理体系与中国发展的动态平衡关系需给予审慎、客观的评估。

首先，中国是当前全球治理体系的受益者。改革开放以来，中国经济迅速发展得益于该体系提供的安全保障、市场资源、丰富资本等。2001年加入世贸组织，更是给中国提供了腾飞的机遇。变革该体系不适应现实的部分时，推动利益格局调整，需要维持其制度、规则的稳定性和连续性，而不是对其进行颠覆性改造。特别是须与美国等体系主导国家建立政治互信，避免因战略误判而导致迎头相撞。

再者，实力决定变革全球治理体系能力。如前所述，中国经济总量增长迅速，是除美国外，唯一超过10万亿美元的经济大国，但仍非以综合国力标准衡量的强国。实力是决定变革全球治理体系效果的根本因素，推动利益格局调整必须以强大综合国力为基础。中国需继续保持较高增长速度和扩张规模，但是中国经济处于产业转型、升级的重大关键时期，增长进入“新常态”，不确定性增加。奥巴马、特朗普政府对中国经济增长空间制约意图明显，未来外部环境并不利于中国经济保持高速增长。

最后，同时争取发展中国家和发达国家的支持，“两条腿走路”。新兴国家和其他发展中国家的支持始终是中国在全球事务中基本倚重力量。需要注意的是，随着中国实力的增长，在有些问题领域，如全球温室气体减排，中国利益诉求和不少发展中国家会出现不完全一致的情形。而且在全球治理机制当中，发达国家长期扮演着重要角色，且多为美国盟友，中国需要善用利益、矛盾等杠杆，争取更多发达国家对中国立场的理解和支持才能减少阻力，有效推动变革。

第二节　全球气候治理现状及其发展

气候治理是全球治理实践的重要组成部分。全球治理体系存在的问题、面临的改革压力集中体现在气候治理领域。2012 年，《京都议定书》第一承诺期期满，国际社会围绕未来国际气候合作机制的构建展开激烈博弈。从 2007 年制定“巴厘岛路线图”，直至 2015 年联合国气候大会达成关于应对气候变化的《巴黎协定》，取代《京都议定书》，成为指导全球应对气候变化的纲领性文件，国际气候合作机制以其为基础重获动力，历时八年，极尽曲折。

一、主要全球气候治理机制

积极参与全球气候治理的力量数目众多、类型庞杂，通过建立各种机制遍布于国际、国家、地方、企业等诸多层面，且相互交叠渗透。本文将着重讨论国际政治范畴内推动国际气候谈判的机制化形式，并将其概括为三种类型：政府间国际组织、首脑会议、伙伴关系等。在政府间国际组织中，正是联合国搭建起迄今最为重要的气候谈判框架；在各类首脑会议中，八国集团峰会与二十国集团峰会都将气候变化与能源安全议题列为优先项；而不同地区的国家等还通过签署非条约性的国际协议等方式建立起促进清洁能源技术转让等的合作伙伴关系，“亚太清洁发展与气候伙伴计划”即是重要一例。

（一）联合国

如前文所述，联合国框架成为培育及维护全球气候合作机制的温床。不仅如此，联合国框架也成为当前进行的国际气候谈判中维护发展中国家权益的核心平台。1992 年，《联合国气候变化框架公约》通过，这份文件奠定了国际社会应对气候变化、开展相关国际合作的法律基础，它所确立的“共同而有区别的责任”等一系列原则成为支持发展中国家与发达国家展开博弈的有力武器。1997 年，第三次缔约方大会通过了《京都议定书》，为发达国家规定了强制性的量化减排目标。目前，凭依《公约》长期合作行动工作组及《京都议定书》特设工作组并行的“双轨”机制更成为未来气候谈判的依托。为将国际气候合作不断推向深入，2005 年 12 月召开的蒙特利尔气候大会建立了双轨并行的谈判机制。其一是依照《京都议定书》规定，继续讨论并确定附件一中的国家在 2012 年后的减排承诺问题，设立“附件一国家未来承诺特设工作组”负责起草谈判案文；其二是在《联合国气候变化框架公约》下，为推动发达国家全面履约并向发展中国家提供技术与资金支持，拓展双方合作空间，启动长期合作行动对话进程。2007 年 12 月，巴厘岛气候大会通过《巴厘岛行动计划》，正式设立“长期合作行动特设工作组”，负责就长期合作行动的内容及方式提出方案。

（二）八国集团、二十国集团及其峰会

由发达国家组成的八国集团仅为非正式论坛，但是其成员国经济总量之和占世界总量的约 60%，在国际事务中的影响力巨大。2005 年，在英国主办的格伦伊格尔斯峰会上，气候变化首次成为核心议题。会议发布的《行动计划》(Climate Change: Plan of Action)中，关于应对气候变化、发展清洁能源、推进可持续发展的承诺多达 63 项，并成为成员国参与国际气候谈判时的基本指针。[①] 在哥本哈根气候大会前，八国集团成员国在气候变化和清洁能源领域的合作空前加强。2006 年俄罗斯圣彼得堡峰会、2007 年德国海利根达姆峰会、2008 年日本洞爷湖峰会以及 2009 年意大利阿奎拉峰会分别在能源安全、提高能源效率、设定全球长期减排目标等方面达成共识。而 2013 年英国北爱尔兰厄恩湖峰会公报则明确支持在 2015 年达成《京都议定书》替代协议。[②] 此次峰会成为八国集团最

① Climate Change: Plan of Action, http://www.fco.gov.uk/Files/kfile/PostG8_Gleneagles_CCChangePlanofAction.pdf.

② 2013 LOUGH ERNE, https://assets.publishing.service.gov.uk/government/uploads/system/uploads/attachment_data/file/207771/Lough_Erne_2013_G8_Leaders_Communique.pdf.

后一次峰会。

如前所述，八国集团的基本成员皆为发达国家，在处理气候变化等全球性问题和危机方面，虽然屡屡尝试通过“G8＋X”模式与中国、印度、巴西等发展中大国协调，但是其封闭式结构等内在缺陷使其无法作为双方沟通的有效平台。2007年爆发的世界金融危机为早已成形的二十国集团带来了发展机遇，其分水岭便是2008年11月于华盛顿召开的二十国集团首次峰会。自此，二十国集团开始取代八国集团成为关于全球金融市场和经济事务的重要论坛。在2009年召开的伦敦和匹兹堡峰会上，发展绿色能源，加强清洁技术合作等进入议程。与八国集团相比，二十国集团成员覆盖各洲，并且将更多的发展中国家囊括进来，具有更广泛的代表性。据统计，二十国集团的经济总量、贸易量之和分别占世界总量的85%和80%。随着机制化建设逐步完善，二十国集团在推动全球气候治理方面的作用令人期待。但是，近年来，国际秩序调整加快，大国博弈加剧，二十国集团在讨论全球议题的效能方面有所减弱，在格拉斯哥气候大会前夕召开的峰会上通过《二十国集团领导人罗马峰会宣言》，应对变化虽是重要议题，但是未能如外界期待的就逐步淘汰煤炭等达成共识。

（三）“基础四国”及“金砖国家”协商机制

2009年11月，在哥本哈根气候大会前，中国、印度、巴西与南非4个发展中大国为了更好地维护自身排放与发展权益，齐聚北京，就其基本立场进行磋商协调，拟定统一的谈判案文。就此在气候谈判问题上形成“基础四国”磋商与协调机制。“基础四国”之所以能够形成发展中国家集团中的一支新力量，其成员有共同的近似特点和利益诉求。在“巴厘岛路线图”拟定之后，发达国家集团却并不愿以“共同而有区别的责任”达成新的《京都议定书》替代协定，反而力图推卸、转移自身的减排责任，强压发展中国家承担显失公平、合理的减排指标，矛头直指中国、印度、巴西、南非等近些年经济增长较快、排放量上升的发展中大国。2007年，面对共同压力的四国就已经开始就相关问题进行沟通。哥本哈根气候大会前，四国作为一个整体正式亮相，被冠以“基础四国”的称谓。围绕每次谈判的核心议题，四国都会通过“气候变化部长级会议”等渠道预先交换信息、沟通讨论、协调立场，扮演了推动对话不断走向深入的建设性角色。“基础四国”迄今已举行30次部长级会议，协调立场，在国际谈判中为发展中国家发声。目前，“基础四国”均提出各自的碳中和目标，南非和巴西承诺于2050年实现碳中和，中国提出2060年前实现碳中和，印度在格拉斯哥气候大会期间宣布将于2070年实现碳中和。

（四）亚太清洁发展与气候伙伴计划等

亚太清洁发展与气候伙伴计划于2005年达成，2006年启动，成员包括中国、美国、日本、澳大利亚、印度、韩国与加拿大，在铝业、建筑、化石能源、采煤等八大领域开展清洁技术等合作。成员国的温室气体排放量、能源消耗量及经济总量之和分别占世界总量的50%以上。该计划为自愿性国际合作框架，并无法律约束力，实质性成果有限，但是它弥补了京都机制未能纳入美国等不足之处，为发达国家和发展中国家开展清洁能源合作，削减温室气体排放量、增强适应和减缓气候变化能力提供了平台，可谓意义重大，潜力不可小觑。墨西哥、俄罗斯及东盟各国等亦考虑加入该计划。2002年达成的“再生能源与能源效率伙伴计划”也属此列。该计划参与方包括政府、银行、企业、国际组织等一百二十多家，旨在减少温室气体排放，帮助发展中国家获取清洁能源和提高能源效率。截至2011年，某些成员之间的合作项目仍在继续，但伙伴关系已结束。

上述机制在推动全球气候治理方面并行不悖。它们在不同层面发挥着各自独特的作用，互为补充，影响着未来的国际气候政策与行动。

二十国集团在一定程度上克服了八国集团的显著排他性，将对气候变化问题最具影响力的重要国家尽皆包容，适度的成员规模也有利于展开实质性讨论，但是由于其并非正式的国际组织，所形成的决定缺乏合法性。在涉及发达国家集团与发展中国家集团在资金、技术等核心问题时，其代表性也难免会遭到质疑。而且，二十国集团并不是以气候变化为首要议题。

各种伙伴关系计划常常会包括政府、企业、国际组织和非政府组织等，结构相对松散，协调程度较低，资金来源无法保证，对政策环境的依存度高，在国际气候谈判前景尚未明朗的情况下，其发展空间有所局限。

由于联合国气候大会在议事程序上采取的是全体一致的原则，其决策效率多受诟病。在国际气候谈判中，行为体结成各类集团，利益诉求迥异；议题趋于泛化，延及经济、政治、科技及文化诸多领域，这种多边谈判的复杂性会导致无休止的拖延或僵持，其结果就是国际社会采取集体行动的目标发生偏移，内在动力被无谓损耗。国际社会寄予厚望的哥本哈根进程以一份缺乏法律约束力的《哥本哈根协议》收场即是明证。而《巴黎协定》也因为其减排承诺与行动系采取“自下而上”模式，实施效果常受质疑。

但是，比较而言，联合国框架仍是目前推动全球气候治理的适宜平台。首先，截至2019年，《联合国气候变化框架公约》的缔约方已经达到197个，而签署并批准《京都议定书》者也已达到192个，《巴黎协定》缔约方也达到197个。基础最为广泛，参与程度最高。再者，从1992年《气候变化框架公约》获得通过至今已近20年，联合国通过《公约》及《京都议定书》《巴黎协定》等一系列文件确立了国际气候合作所应遵循的“共同而有区别的责任”“成本效率”“风险预防”及“可持续发展”等基本原则，维护了广大发展中国家的权益，为建立公平、公正、合理的国际气候合作机制奠定了基础。第三，联合国在应对气候变化方面，机构设置趋于完备，运作良好。就《公约》而论，除了常设秘书处以外，还设立了“履行小组”和“科学与技术咨询小组”两个永久性附属机构。与世界气象组织、联合国环境规划署等保持着密切的协作关系。最后，《公约》《京都议定书》《巴黎协定》等已经在法规制定、合作履约等方面积累了宝贵的实践经验。历届缔约方会议制定了一系列具有国际法意义的法律文献，如《柏林授权》《波恩协定》《德里宣言》《马拉喀什协议》等。而为保证缔约国完成温室气体减排目标，联合国框架内的国际气候合作机制借助市场力量，设计了清洁发展、国际排放贸易和联合履约等灵活履约机制。

联合国框架下的国际气候合作机制为各国采取减排行动、开展后续谈判奠定了较为坚实的基础，以其为核心整合现有各种机制，构建未来的全球气候治理模式符合国际社会的根本利益。

二、当前国际气候合作机制亟待改革

全球气候治理是以温室气体排放作为调控对象。实质上，其作用点在于各国经济生活中的能源使用方式、产业布局和竞争力水平等。这一特征决定了当前国际气候合作机制长期存在效率、公平等方面的缺陷，并进而导致一系列负面效应，难以支持实现全球气候治理的碳综合目标，国际社会改革呼声升高。联合国框架下的国际气候合作是当前全球气候治理体系的核心进程，其最新成果为《巴黎协定》及相关安排，但该机制存在固有内在缺陷。

（一）当前机制总体缺乏有效的约束性，弱化了缔约方的法律责任，偏重于缔约方的道义感召，以缔约方的集体责任模糊了不同国家的历史和现实责任

2015 年 12 月，195 个国家在法国巴黎召开《联合国气候变化框架公约》第 21 次缔约方大会和《京都议定书》第 11 次缔约方会议，最终达成全球合作应对气候变化的《巴黎协定》(Paris Agreement)，与会各方承诺采取措施控制并减少温室气体排放，确保至 2100 年全球平均气温升高不超过工业化水平前 2℃，并向温升不超过 1.5℃的目标努力。2016 年 11 月 4 日，《巴黎协定》正式生效。《巴黎协定》是继《京都议定书》之后国际社会开展气候合作进程中具有里程碑意义的成果，对 2020 年后全球应对气候变化行动作出安排，将成为缔约方制定本国气候、能源及经济政策等的重要依据。但随着该文件正式生效，为落实协定各项原则和规定，各国政界、学界等关于其法律约束力及其实际意义的辩论更趋激烈。

《巴黎协定》是以国际法为准的国际多边条约。2011 年 11 月，在南非德班举行《联合国气候变化框架公约》第 17 次缔约方会议和《京都议定书》第 7 次缔约方会议(COP17/CMP7)，通过第 1/CP. 17 号文件决定，建立“德班增强行动平台特设工作组”(ADP)，正式启动构建 2020 年后全球气

候合作机制的谈判进程，推动国际社会最迟于2015年底巴黎气候大会上达成《联合国气候变化框架公约》下适用于所有缔约方的“议定书、另一法律文书或某种具有法律约束力的议定结果”。随后进行的多哈、华沙、利马会议等一系列谈判均基于德班增强行动平台授权，虽然各方对新文件采取前述何种法律形式争议激烈，但经过妥协折中，最终仍选择了国际多边条约这一法律形式，确认了新文件系《联合国气候变化框架公约》之延伸的法律关系，总结了各缔约方在适应、减缓、资金、技术开发与转让、能力建设、透明机制等应对气候变化传统议题领域形成的新共识。此举维护了1992年联合国环境与发展会议以来逐步构建起来的全球携手应对气候变化，推动可持续发展的合作机制。1969年订立的《维也纳条约法公约》规定，“称‘条约’者，谓国家间所缔结而以国际法为准之国际书面协定，不论其载于一项单独文书或两项以上相互有关之文书内，亦不论其特定名称如何”。《巴黎协定》须由缔约方全权代表签字、开放供各国签署、缔约方各自履行国内批准程序、向联合国交存批准文书、设定并满足一定生效条件、缔约方享有退出权利等。从其缔约程序及内容看，《巴黎协定》确是“以国际法为准”，符合上述定义的国际多边条约。

但是，如何认识和评估《巴黎协定》在实践中的法律约束力仍有诸多争议。据《维也纳条约法公约》第26条，“凡有效之条约对其各当事国有拘束力，必须由各该国善意履行”。作为联合国框架下签署的正式国际条约，《巴黎协定》一般应具有较强的法律约束力。但是，具体分析其各条款内容可见，缔约方必须履行的法律责任并未得到清晰界定，即便对缔约方须履行的某种责任作了较为明确的表述，但却缺乏强制履约机制或违约惩罚机制。

1. 整体弱化了缔约方的法律责任。以减排目标设定为例，《巴黎协定》放弃了《京都议定书》对“附件一国家”设定具体量化减排指标的做法，而是以控制温升幅度作为减排目标，针对所有缔约方笼统地提出了一个减排前景，“把全球平均气温升幅控制在工业化前水平以上低于2℃之内，并努力将气温升幅限制在工业化前水平以上1.5℃之内”。为实现此目标，各缔约方的法律责任再次被弱化为“旨在尽快达到温室气体排放的全球峰值”。从《巴黎协定》的文本上看，在表述缔约方需要承担责任、履行承诺或采取行动时，用语多为鼓励性的“应该”(should)而非义务性的“要”(shall)，期望和建议色彩浓重。

2. 强调所有缔约方的集体责任。《巴黎协定》称“为实现《公约》目标，并遵循其原则，包括公平、共同而有区别的责任和各自能力原则，考虑不同国情”；其第4条第4款又称，“发达国家缔约方应当继续带头，努力实现全经济范围绝对减排目标。发展中国家缔约方应当继续加强它们的减缓努力，鼓励它们根据不同的国情，逐渐转向全经济范围减排或限排目标。”虽然《联合国气候变化框架公约》确立的“共同而有区别的责任”反复得到重申，《京都议定书》中仅向发达国家分解具体减排任务的做法被放弃，同时提及发展中国家也负有减排任务。

3. 偏重缔约方道义上的责任。《巴黎协定》第4条第15款规定，“缔约方在履行本协定时，应考虑那些经济受应对措施影响最严重的缔约方，特别是发展中国家缔约方关注的问题”，仅是呼吁发达国家“应考虑”发展中国家“关注的问题”。具体到发达国家对发展中国给予资金和技术援助问题，《巴黎协定》第9条第1款称，“发达国家缔约方应为协助发展中国家缔约方减缓和适应两方面提供资金，以便继续履行在《公约》下的现有义务”，未能在前期谈判成果的基础上有所前进，仅重申了发达国家对发展中国家负有道义责任。

4. 缺乏有效的遵约和违约惩治机制。全球气候谈判中关于建立有效核证机制(MRV system)的议题在巴黎气候大会上未获得突破。据《巴黎协定》第15条第1款和第2款，“兹建立一个机制，以促进履行和遵守本协定的规定”，“机制应由一个委员会组成，应以专家为主，并且是促进性的，行使职能时采取透明、非对抗的、非惩罚性的方式。委员会应特别关心缔约方各自的国家能力和情况”。这些原则说明该机制功能将受到高度约束，难以超越咨询和建议者的角色。即便如此，关于该机制的具体运作形式、规范等仍有待未来谈判作出安排。

因此，《巴黎协定》更多的是具有名义上的法律约束力，除了生效后必须履行的“程序性”法律责任，如更新国家自主贡献方案、分享减排进度信息、使用通用的计算标准等，对各缔约方未来的相关政策和行为规范作用较弱，先前承诺能否得以履行等主要取决于缔约方对其自身国际声誉等因素的政治和道德考量。

(二)美国等重要主体推动国际气候合作机制发展态度摇摆

从老布什政府到当前拜登政府，美国气候政策长期存在难以解决的结构性问题，突出表现为联邦气候政策缺失，这极大地制约了美国政府在国际气候合作中的行为能力，也不断腐蚀其国际信誉，出现了像签署《京都议定书》而又不敢提交国会，批准《巴黎协定》后又退出，然后再回归这样毫无国际责任意识的情形。究其深层原因，一方面是美国传统化石能源行业利益集团对美国政治，包括气候决策议题发挥着巨大的影响力，并因此在立法、行政环节表现出鲜明的党派分野特征。总体来看，美国传统化石能源行业规模依然可观。尽管美国近年来可再生能源发展迅速，发电占比已赶超煤电。但是，至2020年，美国一次能源消费中石油、天然气、煤占比分别为35%、34%、10%，合计仍近八成。① 另一方面是各州气候政治生态差异显著。在美国联邦制下，有关环境保护、产业发展政策等领域，各州政府裁量权和自主性较大，其政策及国会议员的政治立场受州内及不同选区的资源禀赋、产业结构等现实因素高度影响。有长期以来在气候环境领域实施积极政策者，如加利福尼亚州、纽约州等，也有西弗吉尼亚州、特拉华州等对化石能源依赖仍高者。上述结构性矛盾的产生与变化已成为影响甚至决定美国联邦气候政策走向的底层逻辑，并非各自分立，而是相互纠缠、相互渗透，综合发挥作用。在各种内外因素的激烈碰撞下，矛盾双方的力量对比，甚至矛盾本身的性质也不断发生着变化。

除了美国，日本、澳大利亚、加拿大等主要经济体也因各自国内经

---

① U.S. energy facts explained，https：//www.eia.gov/energyexplained/us-energy-facts/#：～：text=The%20percentage%20shares%20and%20amounts，Renewable%20energy12%11.78%20quads.

济、政治环境的变化，气候、能源及环境管理政策出现摇摆，甚至倒退，对国际气候与能源合作形势产生较大负面影响。

1. 动摇国际社会应对气候变化问题的政治信心。2009 年底哥本哈根气候大会令国际社会对全球合作应对气候变化前景普遍失望，不具任何法律约束力的《哥本哈根协议》相当于宣告京都模式失灵。随后，经过中国、美国、欧盟、印度等主要经济体的反复推动，国际社会终于达成共识，为获致“议定书、另一法律文书或某种具有法律约束力的议定结果”展开协作，着手构建 2020 年后国际温室气体减排机制。2015 年底，《巴黎协定》达成，最终形成以具有法律约束力的国际协定为核心，以国家自主贡献方案所体现的自愿行动为基础的新减排模式。巴黎大会召开前，187 个国家提交了国家自主贡献方案，代表全球温室气体排放总量的 97%，缔约方采取气候行动的参与度达到空前水平。美国一再在气候变化领域推卸大国责任，对各国政府、国际组织、企业、机构等协作解决全球性问题的信心造成一定打击。

2. 加大了实现《巴黎协定》温升控制目标的难度。《巴黎协定》生效后即进入落实阶段。此前，为凝聚最大共识，主要缔约方在磋商《巴黎协定》文本过程中作了较大妥协和让步，暂时回避具体矛盾、分歧，多做原则性表述。减排审核监督机制等诸多主要问题有待在今后落实协定的过程中予以进一步协商。美国的消极态度使某些特定议题的谈判难度增加，更可能成为阻碍谈判取得进展和成果的因素。特朗普政府拒绝对“绿色气候基金”给予支持，中止了国际气候合作伙伴计划，推卸发达工业化国家援助不发达国家等适应和减缓气候变化的责任，无视“共同而有区别的责任”原则，不利于发展中国家尊重和履行“各自能力”原则，兑现其各自在国家自主贡献方案中提出的减排目标，更无助于实现《巴黎协定》中提出的远景目标。

3. 干扰了当前双边合作推动多边谈判的国际气候合作模式。特朗普政府几乎完全逆转了奥巴马时期的相关政策，动摇了中美、欧美等重要双边气候合作机制的基础。以中美合作为例，哥本哈根气候大会后，中美之间建立的各层次气候对话磋商机制沟通双方利益诉求，推动国际气候谈判不断取得突破。一段时期，两国成为弥合各方分歧、凝聚基本共识、维护联合国框架下国际气候合作进程的“双引擎”。中美先后发布3份关于气候变化的联合声明，基于双方高层的广泛共识，两国官方、企业、民间也逐步搭建起气候与能源政策、科技、贸易等各类对话与合作平台。当前，以双边合作推动多边谈判的模式受到挑战，两国有关部门和机构均面临调整和适应的压力。

拜登政府虽回归巴黎协定，但是其国内政治商业力量对形成统一联邦气候政策的阻力强，限制其在推动议程进展等方面发挥更积极的作用。

（三）与其他全球、区域经济治理机制变革缺乏有效联动

世贸组织、二十国集团、七国集团、《美墨加协定》（United States-Mexico-Canada Agreement）、《美日贸易协定》、《全面与进步跨太平洋伙伴关系协定》（Comprehensive and Progressive Agreement for Trans-Pacific Partnership，CPTPP）等经贸治理、合作机制与气候治理密切相关，都从不同角度为形成当前全球气候治理格局领域发挥了作用。但是，气候变化议题未进入相关机制的核心议程。国际气候合作进程与这些机制之间未形成有效的互动、促进关系。随着经济全球化在新的广度和深度上发展，新一轮科技革命和产业变革加速重塑全球经济版图，在一些发达经济体的推动下，国际高标准经贸规则通过双边、多边协商渠道逐步形成，特别涉及如低碳经济等诸多政策领域。

近些年，碳关税将成为矛盾比较尖锐集中的领域。欧盟计划最快将于2023年推出“碳边境调节机制”，拟对从碳排放限制相对宽松的国家和地区进口的钢铁、水泥、铝和化肥等商品征税。

目前，“碳边境调节机制”已获欧盟法律支持。欧盟有意集合发达国家结成采取一致行动的“气候俱乐部”，合力将其“碳边境调节机制”主张推广至全球。“碳边境调节机制”一旦实施，对全球主要经济体进出口、国际关系都将形成较大冲击。对此，七国集团成员之间态度不一。美国拜登政府在“清洁能源改革和环境中立计划”中对“碳边境调节机制”等类

似做法给予支持，称“将对来自未能履行气候和环境义务的国家的高碳产品，征收碳调整费或实施配额管理”。但是，美国将碳关税问题视为国际新规则、新标准之争，并不乐见由欧盟单方顺利推动。英国、法国态度相对积极。加拿大石化、能源产业占比长期居高不下，明确表示必须在加拿大利益优先的基础上开展合作。日本国内产业界则明确表示反对。澳大利亚将碳关税作为新的贸易保护主义行为，表示短期内不考虑加入碳关税联盟。同时，“碳边境调节机制”也面临法理障碍。客观而言，欧盟单方面征收碳关税直接违背世贸组织最惠国待遇原则和国民待遇原则，即关贸总协定第 1 条第 1 款和第 3 条第 4 款，如缔约国对“同类产品”征收关税不能直接或间接高于国内税。世贸组织对“同类产品”性质的认定并无所谓碳含量标准。目前看，欧盟援引基于环境理由的例外豁免，即关贸总协定第 20 条(b)款、(g)款也存在适用条件不足等问题。“碳边境调节机制”或面临高昂的政治经济代价。欧盟作为单一经济体针对他国单方面征收碳关税从本质上看无异于实施贸易制裁，易于受到反制，以致引发激烈的经贸冲突和法律诉讼。

碳关税这一来自气候变化领域的新议题为全球和地区经济治理机制、规则提出新的挑战。除了碳关税问题以外，在《美墨加协定》《全面与进步跨太平洋伙伴关系协定》等相关经济治理机制中也都不得不考虑加强与经贸活动有关的环境条款等。

世贸组织的基本目的是通过形成一套促进贸易自由化的规则调整二战后及冷战后全球经贸关系，其所代表的旧规则体系自我调整能力不足等原因，未能及时适应这一变化趋势而束手无策，陷入停滞僵局。同时，面对这一趋势，不仅全球气候治理机制无法协调，而且也给国际气候谈判带来新的、更为复杂的矛盾和问题，对深化国际气候合作造成更大困难。

三、中国与全球气候治理机制

中国参与了国际气候合作机制的初创，并作为发展中国家的代表在国际气候谈判中发挥着不可替代的作用，为确立“共同而有区别的责任”等国际气候合作的基本原则作出了积极贡献。随着经济发展，国力增强，中国正与其他发展中国家一道为构建公平、公正、合理的国际气候合作机制而努力。

中国是当今世界上最大的发展中国家，人口众多，地域辽阔，极易受到气候变化的影响。国际社会携手应对气候变化是全球环境治理的重要议题，离不开中国的参与。随着国力不断增强，中国在构建应对气候变化的国际合作机制方面日益发挥着极为关键的积极作用。

1972 年 6 月，中国政府即组团出席在瑞典斯德哥尔摩召开的联合国人类环境会议，支持会议通过了《联合国人类环境会议宣言》，投入到国际社会保护和改善人类环境的进程。随着中国经济与社会走向开放，中国政府高度关注环境保护及可持续发展对国家发展、民族复兴的深远意义。

在气候变化议题进入国际政治议程的过程中，作为国际社会的一员和发展中国家的代表，中国积极促进各项机制的形成与完善，维护发展中国家的权益。1988 年，联合国环境规划署和世界气象组织成立政府间气候变化专门委员会，要求在全面、客观、开放和透明的基础上，从科学、技术、社会、经济等角度，对气候变化及其影响以及减缓和适应气候变化措施进行科学评估并发布报告，供各国政府决策参考。1989 年，国务院环境保护委员会成立了气候变化协调领导小组来组织协调相关活动。尽管政府间气候变化专门委员会报告不直接涉及政治、政策问题，但是这些报告已经成为国际社会开展合作及各国制定本国应对气候变化政策和措施的重要科学依据。第一次评估报告的编撰工作有 9 名中国专家参与。后来逐渐增加。1996 年和 2002 年，中国的丁一汇院士和秦大河院士分别入选联合国政府间气候变化专门委员会主席团并担任该会第一工作组联合主席。影响广泛的第四次评估报告编写组的 460 位专家中有 28 人来自中国。政府间气候变化专门委员会第五次评估报告计划于 2014 年完成，国际气候变化谈判正处于关键阶段。2010 年，831 名政府间气候变化专门委员会第五次评估报告作者名单确定，中国有 44 人入选，阵容空前，将更有助于在寻求解决之道过程中融入发展中国家视角。在参与政府间气候变化专门委员会工作的过程中，中国启动了一系列相关研究项目，考察、评估气候变化及其对中国的影响。

中国支持联合国主导在全球范围内对气候变化问题极早而审慎地采取行动。1990年12月，第45届联合国大会决定成立联合国气候变化公约政府间谈判委员会，启动起草公约的谈判。经过15个月的5轮艰苦谈判，终于在1992年达成《联合国气候变化框架公约》。在随后召开的里约热内卢联合国环境与发展大会期间，公约正式开放签署。6月，中国政府即签署了《公约》。1993年1月，全国人大常委会审议并批准了《公约》，成为该公约最早的10个缔约方之一。

在谈判中，中国与其他发展中国家以“七十七国集团＋中国”集体行动模式与发达国家展开博弈，努力维护广大发展中国家的权益，最终确立了“共同而有区别的责任”等国际气候合作原则，并使之成为《公约》及其议定书以及未来谈判所依据的核心原则。

中国坚持认为：一、从引起气候变化的原因看，发达国家应承担主要责任。西方进入工业化阶段已经两百多年，在这一过程中，长期的工业增长和高消费生活方式排放了大量的二氧化碳等温室气体。1990年，发达国家所排放的二氧化碳占全球排放量的四分之三。二、应该看到，不同国家之间适应和减缓气候变化的能力不同。作为先发国家，发达国家在气候友好型技术和资金等方面具有较强优势。应在减缓全球气候变化、降低温室气体排放量方面承担更多责任和义务。《公约》最终确认，发达国家应采取政策与措施，率先减排，并向发展中国家提供技术和资金支持。三、必须重视公平原则，应将发达国家的“奢侈排放”和发展中国家的“生存排放”严格区分开来，不能以“全球问题需全球解决”为借口，混淆二者区别。四、发达国家应落实自身在减排及技术、资金支持发展中国家方面的承诺，拿出政治诚意，不要横生枝节。

1997年，在日本京都召开《公约》的第三次缔约方会议，通过历史上第一个具有法律约束力的、要求定量减少温室气体排放的国际条约——《京都议定书》，前述原则终于白纸黑字，落于纸面。文件规定，在

2008—2012年，发达国家将温室气体的排放量在1990年的基础上削减5.2%，发展中国家不承担量化减排义务。中国积极参与《议定书》设计的清洁发展机制(CDM)等灵活履约机制。截至2011年4月1日，中国在联合国清洁发展机制执行理事会成功注册的清洁发展项目1296个，占43.98%，而中国项目所获得的可核证减排量也上升到总量的55.28%，为该制度提供有力支持。[①]

就实质来看，随后的历次谈判几乎可以说都是围绕着“共同而有区别的责任”原则的存废展开。发达国家利用各种由头，以不同名目向中国等发展中国家施压。就在京都会议上，新西兰也依然提议，发展中国家应在第二承诺期承担量化减排义务。1998年举行的第四次缔约方会议上，中国与其他发展中国家一道拒绝了发达国家提出的发展中国家应“自愿承诺”减排的要求，批评其意在分化当前发展中国家，为某些国家逃避承诺提供便利。2007年底，为达成对于《京都议定书》命运具有重要意义的“巴厘岛路线图”，中国等发展中国家付出艰苦努力，面对发达国家借第一承诺期结束之际规避、混淆自身责任的企图，坚决维护《公约》及其《京都议定书》原则的同时，要求谈判在联合国框架内沿双轨继续进行，推动发达国家尽快拿出政治上的诚意，能够尽快明确2012年后的减排指标，呼吁就《公约》中关于减缓、适应、技术转让和资金问题展开实质性讨论。“巴厘岛路线图”的达成极为关键，这一标志性文件对确保哥本哈根、坎昆、德班，直至巴黎等后续谈判进程不偏离正确方向提供了有力保证。在走向《巴黎协定》的进程中，中国与其他国家密切合作，在充分体现公平的基础上，兼顾共同而有区别的责任和各自能力原则，并充分考虑国情等因素，推动形成“自下而上”作出减排承诺的应对气候变化的巴黎模式，维护了联合国框架的权威性与严肃性。

在全球气候治理机制的形成过程中，作为新兴经济体中的重要一员，中国也在寻求发挥建设性作用的途径。值得注意的是，为适应变化的形势，在哥本哈根气候大会之前，中国与巴西、南非、印度携手，协调立

① CDM in Numbers，http：//cdm. unfccc. int/Statistics/index. html.

场，形成“基础四国”磋商机制，共同发出声音，与西方国家争取在气候问题上的话语权，维护自身利益。“金砖四国”在南非入伙之后扩大为“金砖国家”机制，在讨论气候变化议题时，不仅能够体现发展中大国的意志，还具备争取大国俄罗斯的理解与支持的便利。

除了联合国框架之内的行动，中国政府以开放的姿态，参与并推动二十国集团、主要经济体能源与气候变化论坛、亚太清洁发展与气候伙伴计划、地球日领导人气候峰会等不同层面的多边和双边气候与能源讨论与合作。中国与美、英、德、法等之间的清洁能源合作进展良好。联合国框架外的双边与多边讨论合作并不能代替联合国气候谈判这一主渠道的作用，但是对于各国之间在具体问题上沟通，达成谅解，促进谈判进程可以起到积极的补益作用。

四、中国积极参与全球气候治理体系改革

当前国际气候合作机制缺陷所导致的负面效应逐渐显现，国际社会改革呼声升高。新冠肺炎疫情冲击、美国特朗普政府一度退出《巴黎协定》更将国际气候合作进程推向危机边缘。根据对自身近期和远期经济与社会发展目标、大国责任等因素综合评估，中国作为最大的发展中国家更积极参与和推动全球气候治理体系改革恰逢其时。

一方面，这是中国实现近期和远期经济社会发展目标的要求。兼顾经济增长与生态环境保护是实施“十四五”规划和实现 2035 远景目标的内在要求，中国将继续保持一定经济增长速度，扩大经济规模，提高人均收入水平，以顺利跨越“中等收入陷阱”，并为基本实现现代化、全面建设社会主义现代化强国奠定基础。同时，须主动转变经济增长方式，促进经济增长从低能效、高污染向高能效、清洁与可持续方向转变。

另一方面，这是中国国际地位和角色发生历史性转变的要求。今后一段时期，中国将加速走向世界舞台中央，从地区大国成长为主导全球性事务的强国，中国须主动发挥建设性作用，更广泛参与和推动全球气候治理等既有国际机制改革，树立与新国际地位相适应的负责任大国形象，由国际体系的参与者转变为变革者和塑造者。

中国积极参与全球气候治理体系改革具有可行性。

1. 从气候治理领域切入有助于稳步推动塑造公平合理国际秩序。国际政治领域的气候变化问题本质上是经济问题、发展问题。国际气候谈判的任何结果将直接作用于一个国家的能源消费结构和经济发展，决定一个国家的国际竞争力。气候变化问题属于典型的全球性事务，政治共识基础较好，并非地缘政治议题那样具有高度敏感性和危险的军事对抗性，造成全球和地区紧张局势的概率低，正义性、合法性显著，在国际社会具有广泛的民意基础。同时，其进展对国际政治经济秩序具有较强的辐射力，以其作为发展中国家参与重塑国际体系秩序与规则的路径较为适宜。

2. 中国长期以来的积极气候行动和效果加强了国际号召力，有利于整合国际资源。一是中国与欧、美等主要发达工业化国家相互协作，突破重重困难，挽救了联合国框架下的国际气候合作进程，促使其由名存实亡的"京都模式"最终顺利过渡为"巴黎模式"。二是中国发挥自身资金、技术等优势，向广大发展中国家和最不发达国家长期就延缓和适应气候变化提供力所能及的援助，开展务实合作赢得广泛认可。三是中国在发展清洁能源和低碳经济方面领先世界，已成为全球探索可持续发展道路的代表。

3. 国内经济增长方式向可持续发展转型不断取得进展，为中国实施更为进取的气候政策提供坚实后盾。中国能源消费结构持续优化，煤炭消费占比呈下降趋势，煤炭需求已在 2013 年达到峰值，2018 年跌入 60%以内，预期至 2040 年降至 35%。清洁能源消费占比从 2011 年的 13%上升到 2019 年的 23.4%，并呈继续扩张势头。从全球范围看，中国能源消费需求增长率逐步下降至年均 1.1%，不及之前 22 年平均年增长率的五分之一，在全球能源需求中的占比稳步下降。此外，中国在综合运用行政手段和市场机制促进减排方面已经积累了较为丰富的经验。

中国更积极参与全球气候治理体系改革的基本目标是维护和促进自身日益增长的合理合法的全球性利益，营造支持国家发展的良好外部环境，并展现参与全球治理体系变革的能力。

中国更积极参与全球气候治理体系改革在理念和行动上秉持务实、渐进、合作原则。“务实”即客观评估国际气候政治的现实，降低对“自上而下”全球性的综合解决路径和方案的期待，同时坚持成本收益分析，不提出和接受超出中国经济发展阶段、阻碍现代化发展步骤安排的目标和方案。“渐进”即放眼未来、布局当下，不追求全球气候治理机制在短期内发生颠覆性变革，而是针对现有弊端，先易后难，突出重点，推动问题渐次获得突破。“合作”即始终以开放姿态与不同立场、主张的国家就各类难题达成尽可能广泛的共识。

1. 适时提出改革全球治理气候体系的倡议。中国向国际社会主动宣布关于国内气候治理的2030年碳排放峰值目标和2060年碳中和目标，为进一步提出全球倡议赢得主动。可在此基础上，针对当前以《巴黎协定》为支柱的国际气候合作机制的重大缺陷，顺应时代发展的需要，提出完善全球气候治理机制的倡议与展望。特别是改革须坚持守正立新，在维护开展国际气候合作的基本原则等传统诉求的同时，须正面回应时代发展的要求，就相关数据自由流通与分享、监督、仲裁及惩罚机制、全球碳市场联结等前沿议题提出明确主张。

2. 设计务实、灵活的减排方案。当前国际气候合作的现实状况是姿态高、意愿强、行动弱，这决定了当下推动任何全面解决方案都存在巨大困难。如量化减排目标分歧大，常致谈判深陷僵局，可考虑并提出设计“多元复合目标体系”，将减排目标依照不同标准分解，设立直接减排目标、清洁能源发展目标、特定行业减排目标等，各国基于自身国情，承诺接受不同标准的目标，既坚持了“共同而有区别的责任”原则，又将“各自能力”原则落到实处，也为相应地建立减排监督、核证制度、提高承诺履约率创造了条件。

3. 主动谋划与主要大国展开气候谈判。气候问题是全球问题，但主要大国所发挥的关键作用无可替代。国际气候谈判在一定意义上是大国之间影响力的较量和话语权的重新平衡。中国、美国、欧盟、印度四大经济体覆盖全球经济总量的60%以上，每年碳排放量合计占全球碳排放总量的一半以上，二十国集团成员国碳排放量合计占比则近80%。针对欧盟、美国、印度等不同的国情和诉求，中国等发展中国家可拟定不同的谈判目标和策略，避免其他大国联手集中对发展中国家施压，占据先手和主动。一是，紧密与欧盟的合作关系。中国与欧盟已有较好的气候政策行动合作基础，可在《中欧气候合作宣言》《中欧气候变化联合声明》《中欧领导人气候变化和清洁能源联合声明》等既有文件的基础上，进一步就全球气候治理体系改革议题聚拢双方共识。二是，美国拜登政府在气候议题上转为积极，在两国全面战略博弈态势加剧的大背景下，对中国施压与合作的需求同步上升，但退出《巴黎协定》对其运筹能力造成一定掣肘。三是，对经济迅速成长的印度需要考虑开展议题合作。

4. 调动联合国框架之外合作平台和渠道的作用。这样有助于由外向内，里应外合，推动联合国框架下的谈判进程。二十国集团集中了重要的发达国家和发展中国家，可推定主要国家进一步强化这一平台的机制化建设，借此就气候变化领域的重大分歧展开实质性磋商，获得突破。中国参与或可能参与的如"一带一路"等重大合作发展安排需对气候议题持更加开放的态度。根据中国参与全球气候治理体系改革的总体思路、计划和步骤，可选择亚投行等适时发挥重要的融资、支撑渠道作用以为配合。

第四章 人类命运共同体理念与国际气候合作

第一节 人类命运共同体理念的提出

2017年12月，习近平在中国共产党与世界政党高层对话会上发表演讲，深刻而简明地阐释了人类命运共同体的含义，“人类命运共同体，顾名思义，就是每个民族、每个国家的前途命运都紧紧联系在一起，应该风雨同舟，荣辱与共，努力把我们生于斯、长于斯的这个星球建成一个和睦的大家庭，把世界各国人民对美好生活的向往变成现实”。

人类命运共同体理念及其内涵的提出与阐释经历了一个演变过程。2011年《中国的和平发展》白皮书指出：“经济全球化成为影响国际关系的重要趋势。不同制度、不同类型、不同发展阶段的国家相互依存、利益交融，形成‘你中有我、我中有你’的命运共同体。”[①]这是中国首次使用“命运共同体”的表述。2012年，党的十八大明确提出：“要倡导人类命运共同体意识，在追求本国利益时兼顾他国合理关切，在谋求本国发展中促进各国共同发展，建立更加平等均衡的新型全球发展伙伴关系，同舟共济，权责共担，增进人类共同利益”，明确倡导“人类命运共同体”理念。[②] 2013年3月，习近平担任国家主席后首次出访期间，在莫斯科国际关系学院发表题为《顺应时代前进潮流促进世界和平发展》的重要演讲，向世界提出“构建人类命运共同体”的重大倡议，“这个世界，各国相互联系、相互依存的程度空前加深，人类生活在同一个地球村里，生活在历

---

① 《中国的和平发展》白皮书，http：//www. scio. gov. cn/tt/Document/1011394/1011394. htm.

② 胡锦涛在中国共产党第十八次全国代表大会上的报告，http：//www. xinhuanet. com//18cpcnc/2012－11/17/c _ 113711665. htm.

史和现实交汇的同一个时空里，越来越成为你中有我、我中有你的命运共同体。”[①]2014 年 11 月，亚太经合组织第 22 次领导人非正式会议举行。这是党的十八大以后，中国主办的第一场大型多边外交活动。习近平主席第一次在主场重大多边外交活动场合阐释命运共同体意识，引起国际社会的热烈反响。2015 年 9 月，在联合国成立 70 周年系列峰会上，习近平主席全面阐述中国推动构建人类命运共同体的愿景，“当今世界，各国互相依存、休戚与共。我们要继承和弘扬联合国宪章的宗旨和原则，构建以合作共赢为核心的新型国际关系，打造人类命运共同体”。具体而言，就是“坚持对话协商，建设一个持久和平的世界；坚持共建共享，建设一个普遍安全的世界；坚持合作共赢，建设一个共同繁荣的世界；坚持交流互鉴，建设一个开放包容的世界；坚持绿色低碳，建设一个清洁美丽的世界”。[②] 这五个方面形成了打造人类命运共同体的总体布局和基本路径。

构建人类命运共同体理念深深植根于中华优秀传统文化智慧，体现了和平、发展、公平、正义、民主、自由等全人类共同价值追求，汇聚了世界各国人民对和平、发展、繁荣美好前景的强烈向往，顺应了历史潮流，回应了时代要求，指明了世界发展和人类未来的前进方向。

构建人类命运共同体在外交实践中不断取得突破和进展。2017 年，联合国先后将人类命运共同体理念纳入关于“经济、社会、文化权利”“粮食权”以及“防止外空军备竞赛”等决议。在地区和双边层面，构建中非命运共同体、中国-东盟命运共同体、中阿利益共同体和命运共同体、中国-拉美和加勒比携手共进的命运共同体等，为促进双方合作、共谋发展开辟了更为广阔的前景。在全球问题领域，中方倡议构建网络空间、核安全、海洋、卫生健康、人与自然、全球发展等命运共同体获得国际社会日益广泛的认同与支持。

---

① 顺应时代前进潮流，促进世界和平发展，http：//cpc. people. com. cn/xuexi/n/2015/0721/c397563－27337993. html.

② 习近平在联合国成立 70 周年系列峰会上的讲话，http：//theory. people. com. cn/n1/2019/0628/c427900－31201922. html.

第二节　人类命运共同体理念的特质

构建人类命运共同体绝不是离开国际社会政治经济发展现实的愿景，相反地，它所具有的科学性、时代性、创新性和实践性等鲜明理论特质，使其成为新时代人们认识世界、改造世界的思想武器，推动全球治理体系变革向公平合理方向发展的指引。

一、科学性

(一)始终坚持辩证唯物主义世界观和方法论

构建人类命运共同体理念是运用马克思主义哲学辩证思维的成果。马克思主义哲学是以世界物质统一性原理为基石的科学学说，深刻揭示了世界本源特别是人类社会发展的一般规律。物质统一性原理是辩证唯物主义最基本、最核心的观点，要求一切工作遵循实事求是的思想路线。习近平强调，“实事求是，是马克思主义的根本观点，是中国共产党人认识世界、改造世界的根本要求，是我们党的基本思想方法、工作方法、领导方法”。[①]

以习近平同志为核心的党中央坚决贯彻这一思想路线，根据中国综合国力与国际地位的历史性变化、国际格局转换趋势及世界发展大势，从中国人民和世界人民共同利益出发，超越旧国际秩序下处理国际事务的零和思维、丛林法则和意识形态偏见，守正创新、与时俱进地提出推动构建人类命运共同体倡议，为解决世界和平与发展问题、推动全球治理体系变革提出了中国方案。

构建人类命运共同体就要求推动构建新型国际关系，在此过程中，“既要注重总体谋划，又要注重牵住‘牛鼻子’”，[②] 也就是坚持辩证思维的两点论和重点论，全面布局、重点突破，有序推进，层次清晰。一是提

---

① 习近平：《在纪念毛泽东同志诞辰 120 周年座谈会上的讲话》，2013 年 12 月 26 日，http://www.gov.cn/ldhd/2013-12/26/content_2554937.htm.

② 习近平：《坚持运用辩证唯物主义世界观方法论提高解决我国改革发展基本问题本领》，2015 年 1 月 25 日，http://cpc.people.com.cn/n/2015/0125/c64094-26445123.html.

纲挈领、妥为运筹大国关系，顺应时代发展潮流，中俄全面战略协作伙伴关系迈向新时代；坚持相互尊重、和平共处、合作共赢原则，推动中美关系健康稳定发展；打造中欧和平、增长、改革、文明四大伙伴关系，建设更具全球影响力的中欧全面战略伙伴关系；同东盟把握大势、排除干扰、同享机遇、共创繁荣，把全面战略伙伴关系落到实处。二是在建设全球伙伴关系网络的基础上，巩固和发展同广大发展中国家的关系，倡导义利相兼、先义后利的正确义利观，针对周边国家确立“亲诚惠容”的外交工作理念，并提出“真实亲诚”对非政策理念。三是在国际社会积极倡导体现“开放包容、厉行法治、协商合作、与时俱进”精神的真正多边主义。

（二）深刻揭示了推动国际格局转换的内在逻辑

人类命运共同体理念是唯物史观的产物，是科学的社会历史观和方法论。生产力的解放和发展启动并促进了历时约500年的经济全球化进程，推动各国综合国力、国际地位及角色发生变化，客观上为国际格局转换和新秩序形成准备了条件。经济全球化虽然带来一定负面效应，但空前地促进了商品、资本、人员、服务流动，从根本上提高了人类福祉，推动文明进步。“历史地看，经济全球化是社会生产力发展的客观要求和科技进步的必然结果，不是哪些人、哪些国家人为造出来的”，[①]强调了物质资料作为人类社会存在和发展基础的重要意义。

2008年全球金融危机以来，某些地区、领域逆全球化潮流涌动，一些国家采取极端民族主义立场，推行单边主义、贸易保护主义政策，多边主义和多边贸易体制受到严重冲击，经济全球化进程遭遇波折。

从唯物史观看，这恰恰是生产关系不适合生产力发展在国际政治经济领域的表现，亟待调整。但是，物质生产及生产方式终究是社会历史发展的决定力量，生产关系对于生产力总是从基本相适合到基本不相适合，再到基本相适合。2020年暴发的新冠肺炎疫情进一步强化了这一势

① 习近平：《习近平在世界经济论坛2017年年会开幕式上的主旨演讲》，2017年1月17日，http://cpc.people.com.cn/n1/2017/0118/c64094-29032027.html.

头。各国不得不在开放还是封闭、合作还是对抗之间作出抉择。

面对时代逆流，习近平主席向国际社会提出共建开放合作、开放创新、开放共享的世界经济的倡议，维护各国产业链合作，经济社会发展联系日益密切为生产力的持续发展和社会化提供支持。“经济全球化是不可逆转的历史大势，为世界经济发展提供了强劲动力。说其是历史大势，就是其发展是不依人的意志为转移的。人类可以认识、顺应、运用历史规律，但无法阻止历史规律发生作用。历史大势必将浩荡前行”。“我们要推动各国加强发展合作、各国人民共享发展成果，提升全球发展的公平性、有效性、协同性，共同反对任何人搞技术封锁、科技鸿沟、发展脱钩”。

(三)源自实践并经过实践检验

辩证唯物论的认识论是实践的认识论，一种理论或思想是否符合实际、是否有效并不是由什么权威主观判断的，而必须是由客观实践验证的。“人的思维是否具有客观的真理性，这不是一个理论的问题，而是一个实践的问题。人应该在实践中证明自己思维的真理性”。[①] 2013 年 9 月和 10 月，习近平主席在出访中亚和东南亚国家期间，先后提出共建“丝绸之路经济带”和“21 世纪海上丝绸之路”倡议。共建“一带一路”旨在促进经济要素有序自由流动、资源高效配置和市场深度融合，推动沿线各国实现经济政策协调，开展更大范围、更高水平、更深层次的区域合作，共同打造开放、包容、均衡、普惠的区域经济合作架构。[②] 这一倡议并非突发奇想，而是建立在坚实的实践基础上，一是中国经济社会发展取得历史性成就，已成为世界第二大经济体，经济增长进入新常态，要求贯彻新发展理念，加快构建新发展格局。二是国际环境形势发生深刻变化，需统筹国内国际两个大局，“树立世界眼光，更好地把国内发展与对外开放统一起来，把中国发展与世界发展联系起来，把中国人民利益同各国

---

① 马克思：《关于费尔巴哈的提纲》，https：//www. marxists. org/chinese/marx/marxist. org - chinese - marx - 1845. htm.

② 中国国家发展改革委、外交部、商务部：《推动共建丝绸之路经济带和 21 世纪海上丝绸之路的愿景与行动》，2015 年 3 月 28 日，https：//www. fmprc. gov. cn/web/zyxw/t1249574. shtml.

人民共同利益结合起来，不断扩大同各国的互利合作，以更加积极的姿态参与国际事务”。三是，客观上近几十年来中国通过“走出去”已与“一带一路”沿线国家的发展紧密地联系在一起。这一倡议成为习近平推动构建人类命运共同体理念的伟大实践，近八年来，以其合作共赢、包容开放的理念赢得沿线国家的广泛响应和支持，逐步构建起全球广受欢迎的国际公共产品和规模最大的合作平台，在促进地区共同发展、全球经济振兴等方面发挥了越来越重要的积极作用，取得了辉煌成就。在近年全球投资萎靡的情况下，中国对“一带一路”国家的投资保持活跃。据商务部数据，2020 年 1—11 月，中国企业在“一带一路”沿线对 57 个国家非金融类直接投资 1106.8 亿元人民币，同比增长 25.7%。从项目合作方面看，2020 年，中国在“一带一路”沿线国家新签承包工程合同额 1414.6 亿美元，完成营业额 911.2 亿美元，分别占同期总额的 55.4% 和 58.4%。据国务院新闻办公室，从贸易情况看，在疫情冲击下，中国对“一带一路”沿线国家进出口额不降反增，达 9.37 万亿元人民币。目前，中国已同 140 个国家和 31 个国际组织签署共建“一带一路”合作文件。共建“一带一路”从几国倡议到国际共识，从展望到行动，从一个成功走向又一个成功的实践历程推动其由从宏大的构想变为伟大的现实，正在深入改变中国人的世界观和世界的中国观。

二、时代性

马克思主义认为，“一切划时代的体系的真正的内容都是由于产生这些体系的那个时期的需要而形成起来的”。[①] 中国身处世界百年未有之大变局，国际新旧秩序加速转换与实现民族复兴、建设现代化强国目标叠加，挑战层出不穷，机遇千载难逢，成为构建人类命运共同体理念提出和践行的伟大时代背景。

(一)准确判断当今时代主题和世界发展大势

对时代潮流与特征的把握是最高层次的战略决断，是正确处理国际事务、谋划新时代中国特色大国外交、践行构建人类命运共同体理念的

---

① 马克思、恩格斯：《马克思恩格斯全集》第 3 卷，人民出版社，1960 年版，第 544 页。

基础和依据。习近平指出，“尽管我们所处的时代同马克思所处的时代相比发生了巨大而深刻的变化，但从世界社会主义 500 年的大视野来看，我们依然处在资本主义内在矛盾开始剧烈冲突马克思主义所指明的历史时代”。即从大时代变迁的角度看，资本主义内在矛盾不断加剧和资本主义必然消亡，社会主义必然胜利的前途没有改变。“事实一再告诉我们，马克思、恩格斯关于资本主义社会基本矛盾的分析没有过时，关于资本主义必然消亡、社会主义必然胜利的历史唯物主义观点也没有过时”。进入 21 世纪以来，经济全球化在新的广度和深度上发展，国际秩序持续演进，国际格局加速转换。世界和平局势虽然仍难以避免经受局部战争和地区纷争的冲击，但发生世界大战或大国军事冲突的风险空前降低，发展与合作取代战争与对抗成为世界的主流。与历史上因为国家力量对比发生变化引发战争，从而导致国际格局转换不同，当今国际秩序变革与重构进程将主要通过各种力量之间的博弈与竞争完成。因此，和平与发展仍然是我们这个时代的主题。“在世界面临百年未有之大变局的同时，中国正处于实现中华民族伟大复兴的关键时期，这两个进程同步交织、相互激荡”。在统筹考虑国际国内两个大局的基础上，习近平进而揭示出国际社会发展的重要趋势性特征，即中华民族的伟大复兴进程将是影响和塑造世界历史走向、构建人类命运共同体的一个最重要因素。

(二)及时解答新时代中国特色大国外交宗旨与使命等历史性课题

党的十九大报告指出，中国特色社会主义进入了新时代，这一重大政治判断明确了国家在经过新中国、新时期之后所处的新的历史方位。历史方位的变化对国家、国际社会、世界社会主义运动等将产生深远影响，具有重大的世界历史意义。“历史从哪里开始，思想进程也应当从哪里开始”。习近平外交思想牢牢立足于新历史方位，在新历史进程起点上思考中国与世界的关系，从形势判断、目标使命、中心任务、方针原则和战略部署等方面为新时代中国外交奠基定鼎、立柱架梁、谋篇布局。习近平指出，从党的十九大到党的二十大，是实现“两个一百年”奋斗目标的历史交会期，我们要全面贯彻落实新时代中国特色社会主义外交思想，不断为实现中华民族伟大复兴的中国梦、推动构建人类命运共同体创造良好外部条件”。新时代中国特色大国外交要为实现“两个一百年”目标、中华民族伟大复兴和构建人类命运共同体服务。改革开放四十多年来，特别是2008年全球金融危机以来，中国与世界的关系迅速发生历史性改变，中国日益走近世界舞台的中央，正从地区大国成长为全球性大国，国际地位、影响力、角色及形象都出现根本性变化。中国向何处去，世界的未来图景将是怎样的，中国将在全球历史进程中扮演什么角色、发挥什么作用成为必须面对的历史性命题。习近平提出的构建人类命运共同体理念，以及许多具有新的特点的国际秩序观、发展观、安全观、合作观、文明观、生态观、全球治理观等使中国外交的内涵和外延进一步得到丰富和扩大，有力地推动建设构建新型国际关系，成为回答这些时代之问的中国方案。

（三）牢牢把握引领时代发展潮流的战略机遇

面对世界百年未有之大变局，习近平主席指出要“于危机中育先机、于变局中开新局”，不仅考察时势之变，更需洞察其中之机，牢牢把握战略机遇，应对挑战，趋利避害，奋勇前进，引领时代发展潮流。新冠肺炎疫情突如其来，席卷全球，全球政治经济秩序受到严重冲击，商品、服务、资本、人员等在全球范围的自由流动严重受阻，地区乃至全球产业链布局被迫调整，部分国家和地区频现种族主义情绪和过激行为。此次疫情是一次严重的全球公共卫生事件，迫切需要各国在信息共享、严防严控、科研攻关、资源调配等方面开展充分必要的合作以携手应对，特别需要主要国家在其中发挥引领和主导作用，是国际社会提高全球治理体系效率的契机。然而国际合作抗疫合作举步维艰。除世界卫生组织外，联合国本部等几未发挥实际作用，更具有多元代表性、近些年来处理多边事务更有成效的二十国集团平台也遭到搁置。2020年5月，习近平出席第七十三届世界卫生大会，提出支持国际合作抗疫的中国方案，并始终以开放的态度与各国、国际组织、机构等开展一切有利于疫情防控的全方位合作。中国在初步控制疫情后即有序推进复工复产，率先实现经济复苏，带动了地区产业链运转，调动上、下游国家和地区携手促进后疫情时期的经济建设。中国成为唯一践行将疫苗作为全球公共产品承诺的大国，已经向120多个国家和国际组织提供超过20亿剂新冠疫苗及资金、物资等支持，展现中国承担国际责任的人道精神与人文情怀，以实际行动诠释了构建"人类卫生健康共同体"倡议所蕴含的时代精神内涵，"人类命运共同体"理念得到了国际社会的更为广泛的认同。

三、创新性

(一)丰富和发展了马克思主义国际关系理论

马克思主义国际关系理论是马克思主义宏大思想体系的有机组成部分，始终是开放的、面向世界的，而不是封闭的、自我设限的。新中国成立以来，在不同历史时期，以其自身生动的对外工作实践，不断丰富和发展着马克思主义国际关系理论，先后提出了"一边倒"战略、"三个世界"理论、和平共处五项原则、和谐世界理念等，对国际和平与发展产生了深远的影响。

构建人类命运共同体理念是习近平将马克思主义基本原理同中国特色大国外交实践相结合的重大理论成果，关于构建新型国际关系、"一带一路"倡议、正确义利观等一系列原创性新理念、新主张，是以习近平同志为核心的党中央治国理政思想在外交领域的集中体现。

关于国家之间的关系，唯物史观强调科学性与价值性相统一，马克思重视道德价值的意义，指出要"努力做到使私人关系间应该遵循的那种简单的道德和正义的准则，成为各民族之间的关系中的至高无上的准则"，但其论述更多的是从人类社会发展一般规律角度观察历史发展。习近平关于推动构建人类命运共同体的思想，则是当代中国马克思主义坚持并发展唯物史观方法论，实现科学性与价值性论相统一的最新成果。"不冲突不对抗、相互尊重、合作共赢"作为新兴国际关系的核心正是马克思一个半世纪前关于国际关系道德价值设想的理论化、系统化。国家之间的关系是平等的，无论大小强弱，都是合作的，而非"零和"的，超越了西方现实主义国际关系理论传统的"国强必霸"逻辑，坚决反对西方主导的国际秩序下“修昔底德陷阱”继续成为威胁世界和平与发展的魔咒。关于构建人类命运共同体的理念，面对一系列全球性问题的挑战，站在全人类共同利益的高度，以和平、发展、公平、正义、民主、自由等全人类共同价值为指向，回答了“世界怎么了、我们怎么办”的时代之问，呼吁“国际社会要从伙伴关系、安全格局、经济发展、文明交流、生态建设等方面携手努力，坚持对话协商，建设一个持久和平的世界。坚持共建共享，建设一个普遍安全的世界。坚持合作共赢，建设一个共同繁荣的世界。坚持交流互鉴，建设一个开放包容的世界。坚持绿色低碳，建设一个清洁美丽的世界”，体现了当代中国马克思主义者对马克思主义价值哲学在理论、实践方面的探索、发展与创新，实现了历史唯物主义所要求的历史性、现实性与未来性相统一。

（二）带动中国外交理论和实践迈向新境界

从 2012 年 11 月党的十八大召开以后，一个较长的时期是建设新时代中国特色社会主义时期。这一时期中国外交致力于推动构建新型国际关系、构建人类命运共同体，从根本上将就是要服务于实现“两个一百年”的奋斗目标和中华民族伟大复兴的中国梦。但其任务远不止于此。在中国与世界的关系已经发生历史性变化的时代背景下，国际社会更为关注“强起来”的中国向何处去，将会给世界带来什么。中国正从国际体系和全球治理的跟随者成为日益重要的参与者、贡献者、引领者，这要求中国外交必须完成适应新时代要求的重大历史性变革和跃升。中国外交需要在向世界讲好中国故事的同时，让世界了解新时代的中国作为国际社会负责任一员的文明观、时代观、世界观。关于构建人类命运共同体的理念为和平与发展的时代主题注入新的意义，为人类社会发展的美好愿景提供了实现方案与路径。世界百年未有之大变局将不可避免地给国际社会带来巨大的调整与冲击，这需要中国坚持文明间相互包容尊重、对话学习的基本原则，以深远绵长的文明作为底蕴，结合制度优势取得的现实成就来获得更广泛的尊重与认可。加强文明、制度的感召力是提升国家软实力的有效途径。强调文明交流互鉴，立足于以德服人，有助于避免陷入意识形态对抗陷阱；以发展理念和发展成绩来摆事实、讲道理，占据道义制高点，有助于获得舆论和叙事的主动。和平与发展仍是时代主题，仍是中国追求的国际体系目标所在，中国外交致力于推动发展与相互依存取代战争与对抗成为时代潮流，成为百年未有之大变局中最坚定、最关键的和平稳定捍卫者。建设繁荣美好世界是各国人民的共同梦想，与中国梦共生共享。中国是世界经济增长的主要稳定器和动力源，全方位对外开放为各国分享了“中国红利”、创造了更多发展机会。未来中国将为国际社会提供更多公共产品，也将以发展经验为其他发展中国家提供借鉴和帮助。中国强调统筹国际国内两个大局，就是要在和平的国际环境中发展自己，又以中国的发展促进世界和平。推动人类社会共同发展就是对全球治理贡献的中国方案，为此要秉持人类命运休戚与共的高尚理念，为人类共同进步的伟大梦想而进行伟大斗争，进而开创共商共建共享的人类合作新文明时代。“中国外交高举和平、发展、合作、共赢的旗帜，统筹国内国际两个大局，统筹发展安全两件大事，牢牢把握坚持和平发展、促进民族复兴这条主线，开拓进取、勇于担当，为中国和平发展营造更加有利的国际环境，为实现‘两个一百年’奋斗目标提供有力保障，走出了一条有中国特色的大国外交之路”[①]。

(三)超越了西方中心主义的国际关系理论

长久以来，国际关系理论发展的现实是西方中心主义的。第二次世界大战后，现实主义长期居于相对主流位置，其成果从世界观和方法论方面深刻影响了国际政治生活及学术价值取向。近年来，在国际和国内影响较广的国际关系理论范式主要有以肯尼思·华尔兹为代表的新现实主义、以罗伯特·基欧汉和约瑟夫·奈等为代表的新自由主义以及以亚历山大·温特为代表的建构主义，极大地推进了国际关系学科的学理化，对观察、分析国家行为、国际关系及国际事务等大有裨益。这些理论范式基于各自价值判断对历史和现实现象加以描述、分析，形成理论模型，对于世界事务的解释效力成为西方国际关系理论的争论焦点之一。“新自

① 外交部党委：《中国特色大国外交开拓进取的五年》，《求是》，2017年9月。

由主义预先就对新现实主义做出了太多的让步，因而把自己降低到仅仅解释一个主要理论体系没有解释的剩余问题这样一个次要地位”。肯尼思·沃尔兹评价建构主义称“很难指明建构主义到底对什么做出了解释。它只是提供了一个似乎很有希望的观察世界的新的视域而已”。对于历史演进的逻辑、未来国际社会的愿景、人类的前途命运等则论述不足，或失之偏颇，遑论其为“最终建立一个没有压迫、没有剥削、人人平等、人人自由的理想社会指明了方向”。构建人类命运共同体理念从世界各国人民的普遍愿望和共同利益出发，不仅解释世界，更着眼于改造世界，为人类共同的前途命运提供方案，突破了长期存在于西方国际关系理论领域的局限。

一是国强必霸逻辑，认为随着中国综合国力增长，势必走上扩张道路，恃强凌弱，与周边国家等发生冲突。习近平指出，中华民族的血液中没有侵略他人、称霸世界的基因，愿意同世界各国人民和睦相处、和谐发展，共谋和平、共护和平、共享和平。事实上，中国从未主动挑起与任何国家的冲突，更不用说掠夺与侵略。相反，中国的稳定与发展还惠及他人。

二是崛起大国与守成霸权国迈向“修昔底德陷阱”的历史性现象。中国与守成霸权国确实正在经历从战略认知到经贸、科技、人文、地缘政治等领域的博弈，但中国反复申明坚持不冲突、不对抗、相互尊重、互利共赢的合作思维，积极管控风险。习近平反复指出，“强国一定会寻求霸权的论断并不适用于中国”，“中国这头狮子已经醒了，但这是一只和平的、可亲的、文明的狮子”。

三是西方价值、规范和发展道路是国际社会成员获得进步与发展的唯一范本。习近平指出，实现中国梦必须走中国道路。世界上没有完全相同的政治制度模式，政治制度不能脱离特定社会政治条件和历史文化传统来抽象评判，不能定于一尊，不能生搬硬套外国政治制度模式。新时代中国特色社会主义建设不断获得举世瞩目的发展成就，中国积极承担全球治理责任，分享中国理念、价值、规范等，为其他国家和国际社会未来发展路径提供了多元化选择机会，让越来越多的人理解并认同互利共赢、共建共享的未来愿景。

四、实践性

“世界上没有纯而又纯的哲学社会科学。世界上伟大的哲学社会科学成果都是在回答和解决人与社会面临的重大问题中创造出来的”。构建人类命运共同体理念正是关于中国与世界关系历史性演变趋势与规律的理论创新成果。

(一)构建人类命运共同体理念来源于中国与世界关系发展演进的实践

这一思想深深地植根于中国与世界关系发展的历史与现实。中国与世界关系的性质、结构、互动模式等都在经历历史性的根本变化，习近平关于构建人类命运共同体理念从构想到向国际社会提出正式倡议，本身也经历了一个较长时期的动态发展过程，其间广泛吸收、借鉴、融合了其他文明、国家的杰出思想、理论与实践成果。经济全球化以来，国际社会成员之间客观上是命运与共、祸福相依的相互依赖关系，这是人类命运共同体理念形成的基础前提。不同形式和内容的共同体建设自20世纪下半叶以来获得进展，多为区域或次区域层面，如欧盟、东盟。此外，还曾出现实现条件尚不充分的类似共同体构想，如东亚共同体。现有共同体机制或构想，主要以特定区域、成员的共同利益为指向，并未形成超越地区、区域、特定群体利益、涵盖人类总体的共同体理念。换言之，国际社会既有的共同体构建实践仍处于由低到高的发展阶段，目前仍处于利益共同体、责任共同体阶段，中国在推动构建人类命运共同体理念的过程中，以开放的心态和胸怀处理中国与世界、与未来的关系，尊重、包容世界文明、文化、制度等多样化的现实，为国际社会的共同体构建实现历史性跨越指明方向。

(二)构建人类命运共同体理念与中国构建新发展格局的伟大实践相得益彰

马克思说，全部社会生活在本质上是实践的。习近平外交思想从根本上正是以服务于中国特色社会主义现代化建设的实际需要为宗旨的，是着眼于新国情和新发展实践的。中国正迈向建设社会主义现代化强国征程，世界也进入剧烈动荡转型期，国际力量分化组合，国际秩序深刻调整，不同制度、不同道路、不同文化之间的碰撞更加激烈，世界和平、发展、合作面临前所未有的新难题。中国共产党第十九届中央委员会第五次全体会议公报指出，“当前和今后一个时期，我国发展仍然处于重要战略机遇期，但机遇和挑战都有新的发展变化”。中国处于把握历史性机遇、应对复杂多样风险与挑战、奠定新发展格局的关键时期。关于这些新形势、新挑战、新课题、新问题，马克思主义经典文献中并没有提供现成答案，唯有通过理论创新寻求解决之道。习近平外交思想立足国情世情，从新实践发展的需要出发，系统地回答了作为日益崛起世界最大的发展中国家如何参与和引领全球治理体系变革，推动国际秩序朝着更加公正合理的方向发展的一系列问题。构建人类命运共同体理念等相关理论研究和创新成果不仅是要观察世界、解释世界，更是要改造世界，是“双脚立地，并用双手攀摘大地的果实”，体现了理论上和实践上的先进性。所以，实践性成为其区别于其他国际关系理论、思想、理念的显著特征，并将在实践中显示蓬勃的生机与活力。

（三）构建人类命运共同体理念坚持理论与实践辩证统一的开放性

科学的理论绝不是一蹴而就的，必须经历从实践到认识，又从认识到实践的多次反复才能形成并获得发展。习近平总书记指出，“要根据时代变化和实践发展，不断深化认识，不断总结经验，不断进行理论创新，坚持理论指导和实践探索辩证统一，实现理论创新和实践创新良性互动，在这种统一和互动中发展21世纪中国的马克思主义”[①]。以构建人类命运共同体为核心的习近平外交思想是兼容并蓄、博采众长的开放体系，坚持继承与发展、守正与创新相统一，具有面向时代、面向世界、面向实践、面向未来的开放特性。其在形成过程中就广泛吸收、借鉴了马克思主义经典国际关系理论、中国特色社会主义理论、中华优秀传统文化、

① 《习近平总书记在中央政治局第20次集体学习时讲话》。

西方等其他文明、文化的一切有益成果。人类的社会实践活动是丰富的、多样的、变动不居的，特别是处于当今世界大竞争、大变革、大重塑的时代，将不断出现新的重大课题需要思考、探索并作出科学的回答，外交思想与理论必须与时俱进，不断完善、创新和发展。构建人类命运共同体理念通过新时代中国特色大国外交生动鲜活的伟大实践，随着中国与世界关系历史性变化的深入演进，随着实践活动在每一个新的层次上展开，必然拓展到新的境界，不断彰显强大的生命力、吸引力和感召力。

第三节　构建全球应对气候变化共同体：以人类命运共同体理念推进国际气候合作

构建人类命运共同体理念回答了关于“建设一个什么样的世界、如何建设这个世界”这一重大时代命题，正以其科学性、时代性、创新性和实践性特质，有力促进国际社会普遍而深入的合作，将为全球治理创造和提供急需的公共物品，促进人的自由而全面的发展。从本质上看，人类命运共同体本身就是具有合作属性、发展属性的全球公共物品。国际气候合作机制正是人类命运共同体在气候治理领域的具体而生动的实践。

为有效应对气候变化这样的全球性问题，破解国际合作中的“囚徒困境”，改革和完善国际气候合作机制，从根本上消除气候治理赤字，就要以人类命运共同体理念作为科学的理论和方法论指引。

一、国际气候合作机制的公共物品属性

公共物品（public goods）系与私人物品相对而言，可以从两个角度把握其特征，即从供给侧看，公共物品具有非排他性，而从需求或消费侧看，公共物品具有非竞争性。① 国际气候合作机制兼具非排他性与非竞争性两种特性。

18 世纪后期，大卫·休谟较早地对公共物品现象展开正面讨论，其以相邻两位农夫清除公共草地积水为例，说明行为体通过合作创造和分

---

① 高鸿业：《西方经济学（微观部分）》第五版，北京：中国人民大学出版社，2010 年版。

享利益的动力与条件。[1] 如果草地为农夫共同所有、共同管理，双方付出同样的劳动成本，对于收益的期待共识明确，则双方合作意愿强烈，效果显著。但是，如果草地归属更多的主体，属于集体消费、收益均沾，则所有主体合作行动、分担成本的意愿降低。相反，均偏向于期待其他主体支付行动成本，规避自身责任，而仅仅享受收益，于是草地积水问题最终难以解决。休谟的思考还启发了后来者对“搭便车”行为的讨论和研究。

随后，关于公共物品的研究逐渐突破哲学领域，向财政学、经济学、社会学、政治学，特别是国际事务等领域扩展，主要围绕市场、政府、国家的地位、作用等展开。

1954 年开始，保罗·萨缪尔森、马斯格雷夫等人的研究极大地推动了公众对公共物品概念的理解，特别是明确了公共物品具有的三大基本特征。一是不可分割性，即公共物品面向全社会，所有成员共同享有，而不能被切割，分属他人；二是非竞争性，即特定社会成员消费公共物品，并不会影响向其他成员提供同样的消费公共物品的机会和福利；三是非排他性，即无论特定成员是否消费公共物品，并不能或很难阻止或排除其他成员也来消费公共物品。[2] 这三大基本特征成为判断公共物品的重要标准。

既有的国际气候合作机制完全具备上述公共物品的三大基本特征。

首先，从不可分割性方面看，气候变化的发生、发展是全球性的，其经济、社会、政治等方面的影响也是全球性的。以《联合国气候变化框架公约》诞生为标志逐步建立起来的国际气候合作进程所要应对的，就是全球范围减缓和适应气候变化影响问题。这一机制从成员、运作、目标、成果等完全面向国际社会，具有高度的普遍性，而不专属于任何国家、国家集团、机构或国际组织。

---

① 大卫·休谟：《人性论》，关文运译，北京：商务印书馆，1983 年版。

② Paul A. Saumelson, The Pure Theory of Public Expenditure, *The Review of Economics and Statistics*, 1954, 36(4): 387—399.

再者，从非竞争性方面看，当前国际气候合作机制确立的一个重要原则就是“共同而有区别的责任”。1997 年达成的《京都议定书》对发达国家和发展中国家的减排要求、华沙气候大会确立的损失和损害机制、绿色气候基金等正是这一原则的具体体现。同样，《巴黎协定》也基于“各自能力”以灵活方式延续贯彻了这一原则。尽管实施成效都需要时间与实践进一步评估，但其所创造的任何环境改善的收益都能让国际社会的每一位成员享有，并不会因为部分成员没有参与量化减排行动而导致边际成本增加。

最后，从非排他性方面看，自国际气候合作机制运行以来，根据《京都议定书》《巴黎协定》等各国作出不同形式的减排承诺，经过合计，虽然并不足以实现预期温升控制目标，但是主要经济体的减排进展与成绩也不可否定。国际气候合作机制仍然带来了环境、经济、社会福利的普遍改善，任何国家并不能利用技术手段等任何方法阻止任何其他成员分享。

二、国际气候合作机制的合作属性

根据《现代汉语词典》，“合作”的基本含义是“互相配合做某事或共同完成某项任务”[①]。在英文语境下，合作也具有相近含义，是指“为实现同一目标而一起工作的过程”。[②] 可见，合作具有如下特征，一是参与主体为两个或两个以上；二是利益指向明确，具有共同目标或任务；三是不仅仅是关注结果，也强调过程本身；四是参与主体既有认知层面，也有行为层面的互动协作。

一般而言，在国际事务领域，从历史和实践上看，关于竞争的讨论多于合作。比如，综合国力、企业经营的竞争，甚至还有战争、冲突等极端表现形式。

关于国际合作的研究在“二战”后迅速发展起来，讨论大多集中在开展合作的条件、动力、模式等方面。关于国际合作理论日益丰富。其中，新现实主义和新自由主义流派近些年来影响比较大，占据主流地位。实

---

① 《现代汉语词典》，北京：商务印书馆，2016 年版，第 525 页。

② Cooperation，https：//www. lexico. com/en/definition/cooperation.

际上，二者关于国际体系的基本假设的重要方面是相同或接近的。比如，都认为国际体系处于无政府状态，民族国家是国际体系的主要行为体，以理性追求国家利益或安全为目标。相比之下，新自由主义者更相信并重视国际合作在国际事务中的积极作用，认为行为体之间可以达成、加深政治互信，并通过建立和完善制度、制定规则、形成规范等手段实现或深化合作。新现实主义则更注重当前国际秩序中权力结构在国际合作中的绝对或核心作用，强调合作的功利性、权宜性、附属性而非正义性，以追求实现自身安全目标为首要。

理论来自于实践，也是考察实践的工具。世界是多元的，各个国家、地区有不同的历史、制度、文化，针对全球治理议题，存在不同的理念、主张。无论是新自由主义，还是新现实主义的国际合作观，都能够在一定程度上解释国际气候合作机制形成、发展的特定阶段、特定方面。作为全球性问题，应对气候变化绝不是只由单个或部分国家、组织或机构承担的任务。客观而言，单个或部分行为体也没有权力、能力超越主权、边界等，去集中、调配资源完成这一任务。而是需要国际社会所有成员参与其事。并且为了接近目标、收到真实的行动效果，需要行为体以某种形式组织起来，制定集体行动的路线图，遵循一定的行动规则。

因此，合作属性成为国际气候合作机制的重要内在属性。“人类只有一个地球，各国共处一个世界”，所有人命运相连，休戚与共，为了和平、发展、合作、共赢的共同愿景，必须携手应对气候变化带来的危机和挑战。从参与合作主体上看，更为有效的国际气候合作机制必须超越自身在社会制度、文化传统、意识形态等方面存在的巨大的差异，调动国际社会所有成员的积极性；从参与合作目的上看，更为有效的国际气候合作机制将展现宽广的包容性，最大限度地汇聚国际社会成员任何有益的贡献，尽管其初始行动动力可能是出于更为偏狭的集团利益；从参与合作规则上看，更为有效的国际气候合作机制必须尊重遵循公平、公正的基本原则，坚决反对形成恃强凌弱、零和博弈的局面。当前国际气候合作机制正是不同合作理念、主张相互交流、碰撞并付诸实践的结果，而且这一演进过程仍在继续。国际社会只有进一步重视合作属性对全球治理有效性的意义，才有可能推动国际气候合作进程朝着正确的方向发展。

三、国际气候合作机制的发展属性

工业革命改变了世界的面貌。18世纪中期，在蒸汽机的巨大轰鸣声中，第一次工业革命到来，现代意义上的国际分工产生并日益深化、细化。19世纪中后期，发电机、内燃机、生产流水线等得到广泛应用，第二次工业革命将人类带到电气时代。工商业资本向全球扩张，全球各国的生产、流通、消费环节更紧密结合，经济全球化浪潮洪波涌起。20世纪70年代以后，信息技术革命成为第三次工业和技术革命的核心，彻底改变了传统经济运行模式，催生了数字经济等新经济与社会发展形态。

客观而言，工业革命及日益加速的经济全球化进程推动了人类社会不断取得进步，比如，财富的增长与积累，贸易与投资活跃，绝对贫困人口减少，社会福利改善。1970—2017年，以2010年不变价美元计算，全球经济总量从不足20万亿美元升至80万亿美元。同期，人均国内生产总值从5185美元升至10634美元。全球贸易额在经济总量中的占比由26.72%升至2017年的56.21%。1981—2013年，全球贫困人口比例已经由42.3%下降至10.9%。而据世界银行预计，全球85%的人口预期寿命可达60岁，是100年前的两倍。

与此同时，随着工业化进程加速推进，资源紧缺、环境污染、生态破坏、气候变化、人口膨胀等问题日益突出，甚至时常在某些地区造成严重的生存危机。经济增长是否就等于人类社会的发展和文明进步成为一个发人深省的现实命题。《寂静的春天》《只有一个地球》《增长的极限》《我们共同的未来》等著作、研究报告，以及最先在西方工业化国家兴起的环境变化运动，推动人们从经济、社会、环境等三个层面认识人类与自然的关系，促使人类社会关于发展理念的历史性转型。特别是联合国世界环境与发展委员会发布的题为《我们共同的未来》的专题报告，将环境与发展结合起来，第一次系统阐述了可持续发展理念，即“可持续发展是指既能满足当代的需要，而同时又不损及后代满足其需要的发展模式”，也确立了环境问题在全球政治议程上的地位。

国际气候合作机制正是在这样的背景下逐步发展起来的。1992 年 6 月，在巴西里约热内卢召开了联合国环境与发展会议，155 个国家签署了《联合国气候变化框架公约》，1994 年生效，成为国际气候合作机制的基本框架，也成为通过国际社会携手应对全球气候变化问题的开端。《公约》第三条第四款明确规定，“各缔约方有权并且应当促进可持续的发展。保护气候系统免遭人为变化的政策和措施应当适合每个缔约方的具体情况，并应当结合到国家的发展计划中去，同时考虑到经济发展对于采取措施应付气候变化是至关重要的”，全面阐述了应对气候变化的政策和措施与促进国家经济社会发展之间的关系，二者之间并非是相悖的，而是必须相互协调、相互促进的。

当前国际气候合作的关注焦点归根结底也是发展问题，矛盾与分歧主要来自集中在《联合国气候变化框架公约》下的气候谈判，对与气候变化、能源、环境等密切相关的贸易、投资、金融等议题之间的联动关系鞭长莫及、力不从心。中国和广大发展中国家可着力推动在双边、多边、区域经贸合作机制磋商谈判中充分考虑气候变化因素，打通气候议题与发展诉求，为绿色贸易、绿色投资、绿色金融等拓展空间创造便利条件。

发展属性从开始就是国际气候合作机制的内在特征。所以，应对气候变化的努力方向并非只是对气候变化不利影响的被动反应，改善生态环境，更需要人类社会从根本上改变自身的生产方式、生活方式，走上清洁、美丽的发展道路，迈向生态文明的新时代。

第五章　构建全球应对气候变化共同体的方向：共谋全球生态文明建设

气候危机实质上是人类文明危机。从人类文明发展历程来看，气候变化带来的影响深刻地改变了人类社会的生活、生产方式。这种改变的结果常常并不是以瞬间、剧烈的方式出现，而是以春雨润物、难以察觉的方式日积月累产生的。但是，当回顾一段历史时会发现，文明的走向、文明的命运已经彻底改变，正是这些改变塑造了今天人类文明版图的基本格局。

"人类经历了原始文明、农业文明、工业文明，生态文明是工业文明发展到一定阶段的产物"[①]。生态文明是工业文明的延续，但又在其基础上实现了飞跃，成为更高一级的新型文明形态。为破解当前全球气候变化治理的困境，亟待与国际社会一道培育和强化生态文明意识，从携手共建生态文明的高度认识和推动国际气候合作进程，构建全球应对气候变化共同体。

第一节　习近平生态文明思想的提出

生态兴则文明兴，生态衰则文明衰。从国内层面看，生态文明建设是关系国家前途、民生福祉、民族永续发展的根本大计，从国际层面看，其又事关全球生态环境治理、各国人民生态安全。在习近平生态文明思

① 中国中央文献研究室编：《习近平关于社会主义生态文明建设论述摘编》，北京：中央文献出版社，2017年版，第6页。

想指导下，中国不仅注重全面提升新时代国家生态环境保护水平，满足人民对美好生活的向往，而且作为负责任的发展中大国，积极向国际社会提供中国智慧、中国方案，发挥参与者、贡献者、引领者的作用，与各国一道共谋低碳转型、绿色发展，迈向生态文明新时代。

一、习近平生态文明思想的理论来源

党的十七大首次将“建设生态文明”写入党代会报告，作为全面建设小康社会奋斗目标的一项新要求。党的十八大以来，中国经济社会发展面临新趋势、新机遇、新矛盾和新挑战，以习近平同志为核心的党中央将生态文明建设与经济建设、政治建设、文化建设、社会建设一起列入中国特色社会主义事业“五位一体”总体布局统筹推进，切实贯彻创新、协调、绿色、开放、共享新发展理念，并就生态文明建设和生态环境保护提出一系列新理念、新思想、新战略。2015 年，中共中央、国务院印发《关于加快推进生态文明建设的意见》，对生态文明建设工作作出全面部署。2018 年 5 月，在全国生态环境保护大会上，习近平生态文明思想正式提出，为新时代推进建设美丽中国提供了根本遵循和科学指引，具有重大理论意义、历史意义、现实意义和世界意义。

习近平生态文明思想博大精深、内涵丰富，是广泛涉及政治、经济、文化、社会、法律、道德等领域严谨、科学的宏大理论体系。溯其理论基本来源，马克思主义生态哲学为其源头、中华传统生态文化为其根基、现代西方生态理念为其借鉴、中西方经济社会发展为其实践土壤。

第一，马克思主义生态哲学。马克思、恩格斯时代尚未出现“生态文明”这一表述，相关论述见于其经典文献中，针对工业文明早期资本主义生产方式下日益严峻的环境恶化、资源枯竭等问题，深入考察了人与自然界关系的本质，认为“人本身是自然界的产物，是在自己所处的环境中并且和这一环境一起发展起来的……我们连同我们的肉、血和头脑都是属于自然界和存在于自然界之中”，[①] 在此基础上，进一步前瞻性地提出

① 中共中央马克思恩格斯列宁斯大林著作编译局编译：《马克思恩格斯全集》第 20 卷，北京：人民出版社，1971 年版，第 38 页。

“两个和解”的观点，即实现人与自然、人与人关系的“和解”。即“我们这个世纪面临的大转变，即人类与自然的和解以及人类本身的和解”，“作为完成了的自然主义，等于人道主义，而作为完成了的人道主义，等于自然主义，它是人和自然之间、人和人之间矛盾的真正解决”。[①] “两个和解”成为马克思恩格斯生态哲学的价值核心。

第二，中华传统生态文化。中国历史源远流长，积累了对人、人类社会、自然界之间相互关系的丰富认识与思考，体现了中华民族朴素的自然生态观。一是“天人合一”理念，作为中华传统哲学思想的核心，儒、道、释等各家均有阐发，认为人就是自然的一部分，即“有人，天也；有天，亦天也”，[②] “天地与我并生，万物与我为一”。[③] 二是“道法自然”理念，所谓“人法地、地法天、天法道、道法自然”，“天地者，万物之父母也”，“四时行焉，百物生焉，天何言哉!”，指出自然环境和生命体的运化演进必然遵循一定的自然规律。董仲舒进而提出天、地、人三者之间密切相互依存关系，“天、地、人，万物之本也。天生之，地养之，人成之。三者相为手足，各位成体，不可一无也”。三是“仁民爱物”理念，所谓“君子之于物也，爱而弗仁；仁而弗亲。亲亲而仁民，仁民而爱物”，“民吾同胞，物吾与也”，要尊重、保护自然与生命，“取之有时，用之有节”，主张合理而非滥用环境资源，“开蛰不杀，方长不折”，“钓而不纲，弋不射宿”。

第三，现代西方生态理念。西方发达国家最先迈入工业文明时代，在实现工业化的道路上，生态环境恶化及由此带来的社会、政治问题不断爆发，负面影响逐步向全球蔓延。1935 年，英国生态学家阿瑟·坦斯利(Arthur Tansley)最早提出了“生态”(ecosystem)概念，将其定义为“一个不仅包含了复杂有机体的系统，它同时还涵盖了形塑环境的复杂的物理因素”。[④] 到 20 世纪中后期生态环保形势愈益严峻，引发社会各界深刻

---

① 《马克思恩格斯文集》第 1 卷，北京：人民出版社，2009 年版，第 63 页。

② 陈鼓应注译：《庄子今注今译》(中)，北京：中华书局，1983 年版，第 518 页。

③ 陈鼓应注译：《庄子今注今译》(上)，北京：中华书局，1983 年版，第 71 页。

④ Willis, A. J. The Ecosystem: An Evolving Concept Viewed Historically. *Functional Ecology*. 1997, 11 (2): 268-271.

反思与批判，对人类占有、统治、控制自然的长期固有观念提出质疑，将道德关怀对象扩展至其他生命及环境，不仅产生了丰富的生态环境保护理论，也激发了广泛的绿色社会、政治运动并延续至今，推动国际环境、生态保护及应对气候变化等领域的合作不断发展。其基本诉求是反对盲目经济增长的资本主义生产方式，主张保护环境和生态平衡，实现人类社会的可持续发展。当然，现代西方生态理论也包含"生态中心主义"或"人类中心主义"等相对极端或偏激的观点，习近平生态文明思想对其在批判的基础上予以借鉴、参考，去其糟粕，取其精华。

习近平生态文明思想还从中国共产党人对中国特色社会主义生态文明建设思想的长期探索成果中汲取营养，并不断使其丰富发展。中国每一代党中央领导集体都高度重视加强生态环境保护的意义。毛泽东围绕对人与自然的关系、节约资源、反对浪费、植树造林、合理改造自然等进行了一系列深入思考，初步奠定了关于中国特色社会主义生态文明建设思想的基础。中国改革开放的总设计师邓小平结合改革开放的实践，深刻阐释了经济发展与环境保护、资源利用、人口增长之间的辩证关系，推动并加快生态环境保护法律法规及制度建设，促进了中国生态文明思想理论和实践的发展。江泽民继承并系统阐释了邓小平等生态文明思想，强调实现人口、资源、环境关系的协调，促进可持续发展。在国际上，鲜明反对某些西方国家借环保问题制约中国发展。胡锦涛时期形成了全面协调的可持续发展理念，明确提出"生态文明"概念和建设资源节约型和环境友好型社会的奋斗目标，特别是形成了新的发展理念，即科学发展观，极大地推进了中国特色社会主义生态文明理论和实践。

二、习近平生态文明思想的重要内容

习近平生态文明思想从基本理念、思想内核、时代价值、实践路径、制度建设等方面，深刻、系统论述了人与自然、生态环境与经济增长、生态环境与人类文明发展等重要关系，推动中国特色社会主义生态文明建设迈向新境界。

(一)人与自然的关系——生命共同体论

亦即生态要素和谐论，强调人、人类社会、自然环境是具有物质性统一性的共生、共存、共荣的整体，生态环境治理须树立系统观、全局观，坚持整体思维、协同推进。党的十八届三中全会公报指出，山水林田湖是一个生命共同体，人的命脉在田，田的命脉在水，水的命脉在山，山的命脉在土，土的命脉在树。党的十九大报告进一步明确，"人与自然是生命共同体，人类必须尊重自然、顺应自然、保护自然"。因此，"要像保护眼睛一样保护生态环境，像对待生命一样对待生态环境"，[①] 以促进人与自然和谐共生为目标，全方位、全地域、全过程推动生态文明建设。

(二)生态环境与经济增长的关系——"两山论"

2005年8月，时任浙江省委书记的习近平同志在安吉县考察工作时首次提出"我们既要绿水青山，也要金山银山。宁要绿水青山，不要金山银山，而且绿水青山就是金山银山"的科学论断，[②] 深刻揭示了促进经济增长与生态环境保护之间的辩证统一关系。一方面，在一定社会发展阶段，合理利用绿水青山有助于创造金山银山，环境就是生产力，破坏生态环境就是破坏生产力。另一方面，金山银山将有助于维护绿水青山，长期经济水平低下不仅无法改善生态环境，甚至无力阻止生态环境恶化，守住绿水青山。"两山论"内涵丰富，其中还包括环境生产力论和绿色可持续发展论。

(三)生态环境与人类文明发展的关系——生态命运共同体论

从全球文明发展史来看，某些古老文明主要是因为其发展突破了当地生态环境的承受能力而导致崩溃、消亡，比如两河文明、玛雅文明等。面对当前日趋严重的全球生态环境危机，习近平生态文明思想从人类社会前途命运的高度，透彻阐释生态环境与人类文明发展的内在联系，所谓"生态兴则文明兴，生态衰则文明衰"，既有历史的观照，又有现实的关怀，超越了国家之间、民族之间的界限，展现了以天下为己任的宽广的世界胸怀，不仅努力建设美丽中国，实现中华民族永续发展，而且积

① 中共中央宣传部：《习近平新时代中国特色社会主义思想学习纲要》，北京：学习出版社、人民出版社，2019年版，第99页。

② 中国中央文献研究室：《习近平关于社会主义生态文明建设论述摘编》，北京：中央文献出版社，2017年版，第12页。

极承担国际责任，倡议以人类命运共同体理念为指导，共谋全球生态文明建设，推动构建生态命运共同体。

习近平生态文明思想富有强烈的时代感、民族性，同时也具有宽广的世界眼光和博大的国际胸怀，已成为新时代中国生态文明建设实践的指导思想，也为解决全球生态环境治理问题，推动国际生态环境治理合作不断走向深入提供了解决方案，标志着中国共产党对人类文明的发展规律的认识和理解达到新高度。

第二节　共谋全球生态文明建设的必要性

一、生态环境危机公害全球化

人类迈入工业文明时代迄今已近三百年，随着生产力水平不断提高，极大地改变了自然生态环境。特别是第一次工业革命以来，经济全球化进程启动并逐渐加速，资本跨越边界，在重塑国际分工格局、优化资源配置、提高生产效率的同时，也带来过度生产、技术滥用、消费主义等现象，将地球生态环境的承载能力推至极限，导致环境污染、温室效应、资源短缺、土壤退化与荒漠化、生物多样性锐减等严重生态公害，据联合国减少灾害风险办公室统计，2000—2019 年全球共记录了 7348 起灾害事件，受灾人口总数高达 40 亿人，造成 123 万人死亡，给全球带来 2.97 万亿美元的经济损失。[①] 2019 年，联合国发布的《生物多样性和生态系统服务全球评估报告》称，如今在全世界 800 万个物种中，有 100 万个正因人类活动而遭受灭绝威胁，而全球物种灭绝的平均速度已经大大高于 1000 万年前。人类对大自然的傲慢，“自然界都会对我们进行报复”，进而引发了地区、国家发展不平衡、财富分配不公、社会等矛盾激化等一系列问题，不仅“生态危机取代了经济危机”[②]，而且“没有哪个国家能够

① 联合国报告：《气候灾害在过去 20 年间频度加剧　中国受灾数量居全球之首》，https：//news.un.org/zh/story/2020/10/1068912.

② 本·阿格尔：《西方马克思主义概论》，慎之等译，北京：中国人民大学出版社，1991 年版。

独自应对人类面临的各种挑战，也没有哪个国家能够退回到自我封闭的孤岛”。

二、加强生态治理、共建生态文明关乎国际社会共同利益

“共同利益”可以定义“人类在本质上共享并且互相交流的各种善意，例如价值观、公民美德和正义感”。[①] 在工业革命之前，人类社会尚不具备形成生态共同利益的主客观条件，大多数国家和地区是相对孤立的单元，经济上以自给自足为主，经济社会发展水平较低，生产生活实践活动对生态环境的改造程度有限，一般不足以破坏大自然固有的自我修复能力。进入工业社会后，生态环境危机日趋严重，严重威胁到人类社会的生存与发展，促使人们逐步认识到在国家利益、民族利益之上，必须打造生态共同利益作为切实推动环境保护的价值准则。“人类只有一个地球，各国共处一个世界。地球是人类的共同家园，也是人类到目前为止唯一的家园”。[②] 爱护地球生态环境就是维护全人类共同的家园，这是关乎人类生存、繁衍、发展与未来最大的共同利益。无论是个人还是家庭，族群还是国家，生态环境好，大家受益，生态环境恶化，谁也不能独善其身。这就要求国际社会的每一位成员着眼于长远，从大局出发，以全人类共同体利益为根本考量，展现责任担当，各尽其能，携手采取集体行动。

三、实现可持续发展成为国际社会基本共识

可持续发展理念的基本目的是探求人与自然环境的二元对立状态破解之道，源于20世纪六七十年代人们对生态环境保护问题的深切忧虑。《寂静的春天》《增长的极限》《只有一个地球》等警告地球承载能力是有限的，人类社会经济无法维持无限增长，如果继续无所作为，世界将在21世纪上半叶陷入灾难。同时，环境保护议题迅速进入国际政治议程。1972年，联合国人类环境会议在斯德哥尔摩召开，通过《人类环境宣言》，

---

① 联合国教科文组织：《反思教育：向“全球共同利益”的理念转变?》，教育科学出版社，2017年版。

② 中共中央宣传部：《习近平新时代中国特色社会主义思想学习纲要》，北京：学习出版社、人民出版社，2019年版，第120页。

呼吁通过协调经济与环境发展，为当代及子孙后代保护地球环境。1980年，国际自然资源保护联合会（IUCN）、联合国环境规划署（UNEP）及世界自然基金会（WWF）联合发布《世界自然保护大纲》，系统阐述环境保护与可持续发展相互依存的关系。1987年，联合国世界环境与发展委员会发布《我们共同的未来》报告，首次提出可持续发展的定义，即“可持续发展是在满足当代人需求的同时，不损害后代满足自身需求的发展”[①]。1989年，联合国环境规划署发布的《关于可持续发展的声明》引用该定义。1991年世界自然保护联盟（IUCN）、联合国环境规划署（UNEP）和世界野生生物基金会（WWF）发布《关爱地球》报告将其定义为：“在不超出生态系统的承载能力的情况下改善人类生活质量”。1992年，联合国环境与发展大会在里约热内卢召开，全球183个国家领导人和七十多个国际组织与会，以可持续发展理念为指导制定通过了《里约热内卢环境与发展宣言》《21世纪议程》《关于森林问题的原则声明》等重要文件，并签署了《气候变化框架公约》《生物多样性公约》，全面确立了通过加强国际合作，在全球范围促进走与生态环境系统协调的经济、社会发展道路，标志着可持续发展理念已经为国际社会普遍接受，“放眼世界，可持续发展是各方的最大利益契合点和最佳合作切入点”。

四、全球生态治理体系运作效率亟待提升

近几十年来，全球生态治理在国际社会的共同努力下不断取得突破，取得了显著成果。但是全球生态环境问题仍然严峻，以联合国为核心的全球生态治理体系面临越来越大的压力与挑战。

一是当前全球生态治理模式严重不适应生态环境问题发展现实，民族国家仍为首要治理主体，治理意愿、责任分担能力等均受其自身发展阶段和水平、地缘政治经济关系等因素的较大制约。特别是随着全球产业链、供应链调整，国际分工格局改变，导致生态环境问题和危机梯度转移的现象更显突出。

二是既有全球生态治理机制效率仍低，在应对生态环境危机方面力

① 世界环境与发展委员会：《我们共同的未来》，长春：吉林人民出版社，1997年版。

不从心。以气候变化问题为例，联合国框架下的国际气候合作是当前全球气候治理机制的核心，其最新成果为《巴黎气候协定》及相关安排。但是，该机制缺乏遵约履约机制、约束力较弱等内在缺陷，不仅不足以支持国际社会实现在21世纪末将全球气温上升幅度控制在低于工业化前水平2℃以内的温控目标，甚至或导致当前国际气候合作进程事实上陷入停滞，并走向“空心化”。

第三节　共谋全球生态文明建设面临的现实挑战

当今世界正在经历百年未有之大变局，国际环境日趋复杂，不稳定性不确定性明显增加，经济全球化进程出现深刻调整，全球治理体系面临重塑，国际格局加速演变，世界进入动荡变革期，给推动全球生态治理、共谋全球生态文明建设带来一系列现实挑战。

一、国际秩序加速转型导致全球生态治理话语权争夺加剧

这是冷战后国际秩序中首次出现的趋势，国家间实力与地位消长推动这一进程，主要表现在两大方面，一是各国调整全球权力和利益分配格局的要求上升，二是既有国际秩序、规则、机制和制度已不适应当前国家间力量对比，面临变革，中国为代表的新兴市场国家和发展中国家群体崛起，推动世界权力和经济重心出现调整趋势。仅从经济实力看，七国集团经济总量在全球占比降至30%以下，为历史最低水平，新兴市场国家和发展中国家这一数字接近60%。而20世纪八九十年代，七国集团在全球经济总量中占比约为70%，发展中经济体仅约为20%。这样的升降转换冲击了战后及冷战后国际秩序所依赖的基础，正逐步改变长久以来由少数西方发达国家垄断全球生态治理等国际事务的局面。当前全球生态治理理论、模式及机制主要由美国、欧洲等西方国家在20世纪五六十年代之后主导推动形成，中国为代表的新型市场国家及发展中国家作为新兴力量，就共谋全球生态文明建设提出的新主张、新诉求更强调公平与效率、权利与责任，与其在价值理念、实现路径、治理机制变革

等方面的认知与构想存在显著差异，双方在全球生态治理格局、机制转型等方面的分歧与博弈势必增加。

二、世界经济深度调整致使全球“生态足迹”演变更趋复杂

近年来，在全球范围经济增长普遍乏力。世界经济结构性、周期性等风险因素交织，有效需求不足，生产率增长停滞，贸易和投资不振，政府和企业债务水平高企，主要经济体宏观经济政策协调失能、贸易保护主义加剧、地缘政治动荡等，再加之2020年以来新冠肺炎疫情的持续冲击，导致全球经济反弹上升动能骤然消失，大幅萎缩3.6%。[①] 抗击疫情和振兴经济已成各国国内治理的第一要务，将直接抑制多数国家参与全球生态治理的意愿及能力。同时，全球产业链、供应链加速重塑。发达国家仍然掌握全球价值链主导权及核心环节，推动全球产业链再次沿梯度调整，在新的分工体系中仍是发达国家主导高附加值环节，位于较低梯度的发展中国家专注于中低附加值环节，产业与贸易转移效应明显，部分劳动力密集、技术水平不高的中低端产能向具有生产成本、贸易成本比较优势的越南、印度、墨西哥等地转移。随着产业与贸易转移，生态环境危机转移、扩散等问题也日益突显。通过考察相关主要经济体贸易商品结构，可见其各自生态足迹的总输入和总输出水平之间的关系正在出现较大变化，某些国家和地区技术发展水平提高，生态足迹净输入上升，生态优势增强，资源、能源等保护能力提升；相反地，某些国家净输入出现大幅下降，说明其生态优势削弱，甚至转入劣势，资源、能源等保护能力下降。这一变化趋势将深刻影响相关经济体参与国际生态合作的立场、诉求、政策取向等。

三、大国战略博弈加剧使全球生态治理合作局面更为复杂

长期以来，大国在推动全球生态治理合作方面发挥着不可替代的作用力量。随着与大国战略博弈加剧，生态治理合作问题也无法避免地纠

---

① 联合国经济和社会事务部：《2021年中期世界经济形势与展望》报告，https://www.un.org/development/desa/dpad/publication/2021-%E5%B9%B4%E4%B8%AD%E6%9C%9F-%E4%B8%96%E7%95%8C%E7%BB%8F%E6%B5%8E%E5%BD%A2%E5%8A%BF%E4%B8%8E%E5%B1%95%E6%9C%9B/.

缠其中。特别是中美关系，在一段较长时期，仍将是影响中国发展外部环境和国际行动的重要因素之一。据美国拜登政府发布的《国家安全战略中期指导方针》(Interim National Security Strategic Guidance)，美国已将中国定位为国家利益的侵蚀者、国际秩序主导地位的挑战者，是“有能力对稳定开放的国际体系发起挑战的唯一竞争对手”，并将未来几年视为遏制中国崛起的时间窗口，正从经济、科技、军事、地缘政治等领域全面加大对中国施压力度。美国国内某些势力甚至意图破坏中美之间在经贸等领域的相互依赖关系，将两国推向全面对抗之境，双方摩擦呈长期化、常态化趋势。中国关于共谋全球生态文明建设倡议被美国等视为图谋所谓国际体系主导权的策略，遭到质疑、掣肘、反对。在生态治理方面态度积极的欧盟及部分主要的发展中国家，基于历史原因、现实利益考虑，频频调整策略，应对大国战略博弈加剧的新态势，多倾向于采取坐山观虎斗态度，从战略上不明确选边站队，从策略上不与二者发生正面碰撞，左右逢源，增加了中国运筹国际生态治理合作的难度。

四、全球生态治理公共产品属性与国际竞争加剧的矛盾

生态本身具有自然物品属性，属于公共产品，“可以分为两大类：生活资料的自然富源，例如土壤的肥力、渔产丰富的水域等等；劳动资料的自然富源，如奔腾的瀑布、可以航行的河流、森林、金属、煤炭等等”。[①] 以建设全球生态文明为目标的生态治理也具有消费使用的非竞争性和利益享用的非排他性，仍属于公共产品。同时，全球生态治理还具有强大的溢出效应，即外部性，某些国家或地区改善生态环境，毗邻国家或地区同样受益，却并不必然为之支付成本。某些国家或地区的生态平衡遭受破坏或者出现环境公害事件，将给他国或地区造成损害，却并不必然支付赔偿或补偿，导致在全球生态治理领域参与主体积极性普遍不足，而是相互观望、推诿卸责，“搭便车”的思维、做法长期未能消除。当前主要经济体竞争总体加剧，特别是新一轮科技革命和产业变革加速推进，科技创新已成为国家竞争力的核心。科技革命突破带来的产业发展和产

① 《马克思恩格斯文集》第5卷，北京：人民出版社，2009年版，第586页。

业结构升级，将决定各国在国际政治经济新格局中的位置。金融危机后各主要经济体加紧研判科技创新发展趋势，并进行战略布局，支持相关基础和应用研究及企业创新，以占据新一轮科技经济发展的制高点。除了技术领域的竞争，因发展模式、发展道路的比较而出现的制度之争，使得竞争态势更为复杂、更趋激烈。在此背景下，生态治理参与主体之间互信水平受到抑制，难以开展高效合作。

第四节　共谋生态文明建设的基本路径

全球生态治理仍面临着诸多现实挑战，各国在治理理念、路径、合作机制的选择上存在的分歧也并非朝夕之间可以弥合。但是，生态环境问题作为全球性问题的基本特性决定其解决必须依靠国际社会的密切协作、共同努力。“建设生态文明关乎人类未来。国际社会应该携手同行，共谋全球生态文明建设之路，牢固树立尊重自然、顺应自然、保护自然的意识，坚持走绿色、可持续发展之路”。①

一、以构建人类命运共同体作为共谋全球生态文明建设的终极指向

世界怎么了？我们怎么办？这是整个世界都在思考的问题，中国方案是：构建人类命运共同体，实现共赢共享。面对包括生态环境恶化等一系列全球性问题的挑战，中国站在全人类共同利益的高度，明确提出共同推进构建人类命运共同体的伟大进程作为寻求破解之道的路线图，“国际社会要从伙伴关系、安全格局、经济发展、文明交流、生态建设等方面作出努力。坚持对话协商，建设一个持久和平的世界。坚持共建共享，建设一个普遍安全的世界。坚持合作共赢，建设一个共同繁荣的世界。坚持交流互鉴，建设一个开放包容的世界。坚持绿色低碳，建设一个清洁美丽的世界”。②

---

① 习近平：《携手构建合作共赢新伙伴　同心打造人类命运共同体：习近平在第七十届联合国大会一般性辩论时的讲话摘要》，北京：外文出版社，2015年版。

② 习近平：《共同构建人类命运共同体》，载《求是》，2021年第1期。

生态文明建设是构建人类命运共同体理念和实践的有机组成部分。“构筑尊崇自然、绿色发展的生态体系”，“追求人与自然和谐、追求绿色发展繁荣、追求热爱自然情怀、追求科学治理精神、追求携手合作应对”都是构建人类命运共同体理念的必然要求，“绿色发展，就其要义来讲，是要解决好人与自然和谐共生问题”，[①] 这一论断体现了习近平生态文明思想关于人、人类社会、自然之间关系实质的深刻认识。构建人类命运共同体理念所遵循的普遍联系的认识论，也完全契合加强全球生态治理合作对国际社会所有成员积极采取集体行动的要求，因为“每个人都是生态环境的保护者、建设者、受益者，没有哪个人是旁观者、局外人、批评家，谁也不能只说不做、置身事外”。[②]

树立鲜明的命运共同体意识是加强全球生态治理合作的前提条件。“我们生活在同一个地球村，应该牢固树立命运共同体意识”，而追求合作共赢是命运共同体意识的基本体现，双方或多方为了实现特定的共同目标相互配合、协作，参与方面各获其利。通过构建以互利共赢为核心的新型国际关系，推动构建人类命运共同体，有助于国际社会成员之间提升战略互信水平，强化互惠互利合作意愿，推动国际关系民主化和国际治理体系现代化，“不搞封闭排他的小圈子，把绿色作为底色，推动绿色基础设施建设、绿色投资、绿色金融，保护好我们赖以生存的共同家园”，突破当前全世界面临的生态治理低效困境，逐步形成可持续发展机制。

二、以坚持正确义利观作为共谋全球生态文明建设的价值准则

中国在对外交往实践中一以贯之地倡导和秉持着正确的义利原则。2013 年 3 月，习近平主席在访问非洲期间又一次明确阐释了义利兼顾、义重于利的正确义利观，“义，反映的是我们的一个理念，共产党人、社会主义国家的理念。……我们希望全世界共同发展，特别是希望广大发

① 习近平：《在省部级主要领导干部学习贯彻党的十八届五中全会精神专题研讨班上的讲话》，北京：人民出版社，2016 年版。

② 《习近平谈治国理政》(第三卷)，北京：外文出版社，2020 年版。

展中国家加快发展。利，就是要恪守互利共赢原则，不搞我赢你输，要实现双赢”。[1] 随后，习近平主席在韩国国立首尔大学演讲时批判了某些西方国家长期奉行的陈旧褊狭的义利观，“我们在处理国际关系时必须摒弃过时的零和思维，不能只追求你少我多、损人利己，更不能搞你输我赢、一家通吃。只有义利兼顾才能义利兼得，只有义利平衡才能义利共赢”。

以坚持正确义利观作为价值准则是突破全球生态文明治理长期困境的破解之道。国际社会某些国家完全从一己之私出发，道义放两旁，利字摆中间，百般推脱、拒绝承担生态治理的历史和现实责任，只想从地球这一人类唯一的家园掠取资源，享受福利。即便生态环境危机已迫在眉睫，也仍只寄望于转移污染或推动他国采取行动，自己坐享成果，搭免费便车。中国“奉行以人民为中心的人权理念，把生存权、发展权作为首要的基本人权”，坚持正确的义利观成为习近平生态文明思想的一个鲜明特质。一方面，中国作为后发工业化国家，在建设社会主义现代化强国的进程中，坚决避免不走西方国家“先污染后治理”老路，反对某些国家掠取资源、转移污染的邪路，而是通过不断加强环境保护措施，提升生态治理水平，完善生态文明制度，走人与自然和谐共生的绿色发展道路。另一方面，以切实有效的行动与贡献和国际社会携手应对生态治理等全球性问题。中国自 1972 年参加联合国人类环境会议至今，已签署《生物多样性公约》《联合国气候变化框架公约》《巴黎气候协定》等五十多个国际生态环境合作文件，为积极参与、推动构建全球生态环境治理机制发挥了关键作用。在这一过程中，始终为广大发展中国家合法、合理的生存权、发展权代言发声，彰显了负责任大国有担当、重情义的国际形象。

三、以共商共建共享作为共谋全球生态文明建设的国际合作原则

共商共建共享原则源自于“一带一路”建设，是在沿线国家开展国际

---

① 《习近平在坦桑尼亚尼雷尔国际会议中心的演讲》，2013 年 3 月 25 日，http：//www.gov.cn/ldhd/2013－03/25/content _ 2362201.htm.

合作所依据的基本原则，有助于推动各国基于共同利益，而非自身利益处理“公地”问题，正更多地应用于全球生态治理合作等国际事务领域。“世界命运应该由各国共同掌握，国际规则应该由各国共同书写，全球事务应该由各国共同治理，发展成果应该由各国共同分享”。具体来讲，共商就是集思广益，事情大家商量着办，体现大家智慧和创意；共建就是各施所长，各尽所能，把各自优势和潜能充分发挥出来，聚沙成塔，积水成渊，持之以恒加以推进；共享就是让建设成果更多更公平惠及各国人民。这一新的全球治理观从根本上超越了世界不同国家和地区在社会制度、意识形态、发展模式、文化传统等方面的差异，坚持了国家主权平等原则，反对以大压小、以强凌弱、以富欺贫，反对霸权主义、单边主义、强权政治，顺应了冷战后国际关系民主化、全球治理体系现代化的时代发展趋势。

各国在全球生态危机治理方面的矛盾、分歧在短时间内不会消除，促进全球生态治理合作仍面临着巨大阻力，但在坚持共商共建共享原则下，通过建立平等相待、互商互谅的伙伴关系，在充分尊重各国发展观、发展模式、发展道路差异的前提下，有助于寻求体现各国基本利益诉求的最大公约数，促进全球生态治理体系变革，成为一个具有非竞争性、非排他性、非零和性特征的国际公共产品，稳步推动全球生态文明建设。

四、以共同而有区别的责任作为共谋全球生态文明建设的行动依据

“共同而有区别的责任”是国际环境法的基础性原则之一。1972 年于瑞典斯德哥尔摩举行的联合国人类环境会议是推动全球环境治理合作的起点，会议通过《人类环境宣言》，就环境与发展的关系、协助发展中国家发展和环保、针对国际性议题进行合作等表达了基本立场，初步体现了该原则的核心内容。1992 年，联合国环境与发展大会正式提出关于各国参与全球生态环境治理行动时须遵照“共同而有区别的责任”原则，并写入《联合国气候变化框架公约》。所谓“共同而有区别的责任原则”，是指地球的生态系统是一个相互联系、相互作用的整体，气候变化等生态环境问题具有全球性，“地球气候的变化及其不利影响是人类共同关心的

问题”，各国无论强弱、大小，对保护大家共有的地球生态环境均应承担起“共同的责任”，但是“历史上和目前全球温室气体排放的最大部分源自发达国家”，而发展中国家在资源消费和污染排放方面数量少，经济社会条件和环境保护治理能力相对有限，因此发达国家和发展中国应承担“有区别的责任”。同时，发达国家还需为发展中国家提供必需的资金支持和技术援助等。这一原则尊重历史和现实，既有科学依据，又具法理基础，体现合理、公正精神，获得联合国成员的普遍认可和支持，成为全球生态治理方面需要共同遵循的一个基本原则。但长期以来，这一原则在法律地位上及政策实践上仍存在较大争议。如在全球应对气候变化议题领域，发达国家倾向于多从道德层面对该原则加以解释和运用，不愿意作出具有法律约束力的承诺，承担并履行实质性责任，发展中国家则倾向于强化其法律地位，以其作为法律依据，对发达国家减排、援助发展中国家等方面的责任、义务作出约束性规范。1997 年签订的《京都议定书》成为践行该原则的最重要的一次国际法实践。而 2016 年的《巴黎协定》则对该原则进行了创新性运用，在维护了原则的同时，顺应国际环境变化，强调和鼓励国际社会的“普遍参与”，确立了“各自能力”原则，创建了以各缔约方“自下而上”提交国家自主贡献方案为基础的全球合作减排新模式。《协定》称，“为实现《公约》目标，并遵循其原则，包括公平、共同而有区别的责任和各自能力原则，考虑不同国情”；其第 4 条第 4 款又称，“发达国家缔约方应当继续带头，努力实现全经济范围绝对减排目标。发展中国家缔约方应当继续加强它们的减缓努力，鼓励它们根据不同的国情，逐渐转向全经济范围减排或限排目标”。[①]

五、以共建“一带一路”建设作为共谋全球生态文明建设的实践平台

“一带一路”不仅是经济增长之路，更是绿色发展、生态文明建设之路。2013 年秋，习近平主席在出访中亚和东南亚国家期间先后提出建设“丝绸之路经济带”和“21 世纪海上丝绸之路”的重大国际合作倡议，旨在“促进经济要素有序自由流动、资源高效配置和市场深度融合，推动沿线

---

① 《巴黎协定》，https：//unfccc. int/sites/default/files/chinese _ paris _ agreement. pdf.

各国实现经济政策协调，开展更大范围、更高水平、更深层次的区域合作，共同打造开放、包容、均衡、普惠的区域经济合作架构”。该倡议是中国面对世界百年未有之大变局，从统筹国内国际两个大局出发作出的一项重大战略决断，“不是要营造自己的后花园，而是要建设各国共享的百花园”。将绿色发展理念融入共建“一带一路”实践，提高沿线生态环境保护水平，造福沿线国家和人民始终是该倡议的重点工作要求。2015 年，国家发展改革委等联合发布《推动共建丝绸之路经济带和 21 世纪海上丝绸之路的愿景与行动》，明确提出加强生态环境合作、共建绿色“一带一路”的主张。2016 年，在推进“一带一路”建设工作座谈会上，习近平主席特别强调携手打造“绿色丝路”的重大意义。“我们要着力深化环保合作，践行绿色发展理念，加大生态环境保护力度，携手打造‘绿色丝绸之路’”。在 2017 年“一带一路”国际合作高峰论坛上，习近平主席在致辞中明确提出，“我们要践行绿色发展的新理念，倡导绿色、低碳、循环、可持续的生产生活方式，加强生态环保合作，建设生态文明，共同实现 2030 年可持续发展目标”。共建“绿色丝路”符合中国全面推进生态文明建设的内在要求，也是对沿线国家实现绿色发展的正面回应。“一带一路”沿线覆盖六十多个国家，总人口超过 40 亿，经济总量超过 20 万亿美元，大多为发展中国家或新兴市场国家，经济社会发展水平参差不齐、总体不高，处于前工业化阶段，普遍存在制造业基础薄弱，交通、物流、能源、网络等基础设施缺乏，经济结构单一，资源禀赋不强等问题，若选择西方走过的高能耗、大排放、低效率的粗放型经济增长道路不仅不现实，也难以持续，生态环境也无法承受。共建“绿色丝路”也有助于有力反击某些西方国家借共建合作项目进行发挥，攻击污蔑中国进行所谓“转移污染”“转移排放”，恶化中国发展的外部环境的言行。目前，中国倡议的绿色丝路正与沿线国家的绿色发展战略规划对接，构建绿色伙伴关系网络，稳步推进绿色理念、绿色技术、绿色产业、绿色基础设施等项目实施，带动“一带一路”高质量发展和生态文明建设合作迈上新台阶。

第六章　实现双碳目标愿景：发展低碳经济

中国已将“力争2030年前实现碳达峰、2060年前实现碳中和”作为庄严承诺，纳入国家自主贡献方案，并提交联合国。实现双碳目标愿景，必须促进国家产业结构绿色转型，发展低碳经济。

低碳经济是新的发展理念和模式，是比三次工业革命意义更为重大的人类文明的进步。中国是当今世界上最大的发展中国家，正在努力建设资源节约型、环境友好型社会，为经济与社会的快速、健康、可持续发展而奋斗。国际社会也在应对全球气候变化、确保能源安全、增进人类福祉等寻求解决之道。低碳经济将会从根本上促进一国的创新和发展，是应对上述挑战、引领人类走向生态文明的战略之选。

第一节　何为低碳经济

究竟什么是低碳经济呢？

低碳经济是在国际合作应对气候变化的宏观背景下提出的一种经济与社会的发展理念与模式。2010年的上海世博会集中展示了当时各国人民心目中低碳经济的模样。会场处处传递出的“绿色”“环保”“低碳”等清新理念令人至今印象深刻。以“城市，让生活更美好”为主题的盛会，让高达7000万人次的访问者有机会在生动、活泼的环境里亲身体验到世界各国低碳发展的最新成果。中国的“零碳馆”、英国的“种子圣殿”、葡萄牙的“软木馆”、德国的“汉堡之家”、日本的“紫蚕岛”……无一不在生动描绘人类社会走向低碳生活的美好前景。据统计，在上海世博园内，绿化覆盖率达50%以上，多数场馆采用了屋顶绿化、立体绿化和室内绿化技术。60%以上的路面通过建筑垃圾的再利用等铺成。园区内清洁能源和可再生能源的应用比例达50%以上。四百多辆新能源汽车随处可见，在建筑和照明方面即可减排二氧化碳排放量的30%。

在低碳经济发展模式下，传统制造业、农业、运输业、电力行业等都将因低碳技术的发展和应用而得以重新整合。其基本思路是通过技术创新、产业升级、新能源及可再生能源研发应用等手段，逐步降低对煤、石油等高碳化石能源的依赖，减少温室气体排放，实现经济、社会与生态、环境协调发展。比如，在生产和制造领域，研发、应用并推广零排放或低排放技术；在消费领域，提高生活、建筑、设备及设施等的能源和资源利用效率等等。低碳技术在低碳经济发展中居于核心地位，包括减碳技术，如清洁煤技术、煤层气开发技术等；零碳技术，如太阳能、风能、生物质能等技术；去碳技术，如碳捕集与封存技术，二氧化碳聚合利用技术等。发展低碳经济是事关人类与地球和谐共生的大计，是人类社会从现代工业文明向生态文明过渡的重大变革。

2003年2月，英国布莱尔政府发布题为《我们能源的未来：创建低碳经济》(Our Energy Future：to Createa Low Carbon Economy)的能源白皮书称，作为岛国，英国的能源和资源供应能力极其有限。在不远的将来，近80%的能源供给需要依赖进口。而气候变化对经济与社会的威胁日趋严重。向“低碳经济”转型将是英国确保能源安全、有效应对气候变化、实现产业升级、赢得未来竞争力的现实之选。这是“低碳经济”概念首次在政府正式文件中得到全面表述。

2006年，前世界银行首席经济学家尼古拉斯·斯特恩团队发布的《斯特恩报告：气候变化经济学》，指出全球向低碳经济转型的紧迫性。据其估算，如果人们当下不采取行动，气候变化所造成的成本和风险，每年将至少相当于全球经济总量的5%。而如果现在即采取温室气体减排等行动，则各国每年投入的成本不过占全球经济总量的1%。[①] 低碳经济理念

① Stern Review on the Economics of Climate Change，http：//webarchive. nationalarchives. gov. uk/+/http：/www. hm-treasury. gov. uk/sternreview _ index. htm.

已经引起国际社会广泛关注，无论是发达国家还是发展中国家均对此前景表示支持，世界经济正在加速向可持续的低碳经济过渡。

2008年，联合国环境规划署即将当年“世界环境日”的主题确定为“转变传统观念，推行低碳经济”。欧盟将温室气体减排与促进低碳经济发展相协调，通过了雄心勃勃的“能源与气候一揽子计划”，表示欧盟到2020年将温室气体排放量在1990年的基础上减少20%，将可再生清洁能源占总能源消耗的比例提高到20%，将煤、石油、天然气等化石能源消费量减少20%。欧盟委员会公布了名为“减碳55”的一系列气候计划，提出了包括能源、工业、交通、建筑等在内的12项更为积极的系列举措，承诺在2030年底温室气体排放量较1990年减少55%的目标。这也成为欧盟目前最新、最关键的低碳发展政策。

2020年11月，英国发布《绿色工业革命十点计划》，提出了包括发展海上风电、推动低碳氢发展、提供先进核能、加速向零排放汽车过渡等在内的10个计划要点。《能源白皮书：为零碳未来提供动力》明确力争2050年能源系统实现碳净零排放目标。2021年3月，英国推出《工业脱碳战略》，支持低碳技术的发展，提高工业竞争力。

尽管美国虽然拒绝加入《京都议定书》，但也一直坚持鼓励企业研发和应用气候友好性技术。2007年，参议院通过《能源独立与安全法》，积极采取措施发展清洁与可再生能源，提高建筑物、制造业、交通部门等能效。加州更是走在前列，颁布实施了《全球变暖行动法》，制订了综合性减排实施计划，涉及清洁能源、节能汽车、提高能效等领域。而其制定的《清洁汽车标准》大大高于联邦标准，对影响相关产业的发展方向尤大。

中国、印度、巴西等发展中国家也将清洁、可再生能源发展纳入国家经济与社会发展战略规划。2007年，胡锦涛主席在亚太经合组织第十五次领导人非正式会议上正式提出，“应该建立适应可持续发展要求的生产方式和消费方式，优化能源结构，推进产业升级，发展低碳经济，努力建设资源节约型、环境友好型社会，从根本上应对气候变化的挑战”。

2008年世界陷入金融危机，中国政府将其5900亿美元经济刺激方案中相当部分投入低碳项目。继2005年制定《可再生能源法》，中国又发布了《可再生能源中长期发展规划》，提出到2010年，可再生能源消费量占能源消费总量的比重达到10%，2020年达到15%，预计投资总额将高达2万亿元人民币。

第二节　低碳经济内涵及其实现方式

随着人类社会工业化、城市化进入快速发展阶段，人类对化石能源的依赖程度依然维持在高位，因人类活动而排放进入大气系统中的二氧化碳浓度持续上升。显然，地球有限的能源与资源存量将无法满足持续上升的人类需求。突破传统的增长路径，转向低碳发展模式成为无法回避的必然选择。

一、低碳经济的内涵

作为一种发展理念、形态和模式，低碳经济广泛涉及生产、生活方式、社会结构、价值观念及国际竞争力等一系列内容。尽管各界对低碳经济内涵并未形成统一的认识，但是如果基于经济层面加以考察，其则以低能耗、低排放、低污染为基本特征。

（一）低能耗

降低能源消耗就是要改变碳密集的能源生产和消费方式。工业化以来，尤其是进入20世纪，世界越来越依靠石油、煤等化石能源推动经济增长。鉴于这些能源趋于枯竭的前景，如果不变革当前的能源消费结构，世界经济、社会恐怕难以避免一场深重的灾难。据国际能源机构的统计数据，目前全球已探明石油储量应该在9000亿到1.1万亿桶之间，每年石油消耗量约在240亿桶，而新勘探的石油储量则在80亿桶左右。按照这些数据推算，全球石油储备量仅可保证60年无忧。近些年来，在石油、天然气供应紧张，价格持续坚挺的情况下，各国更为重视煤炭资源的开发。据国际能源署估计，至2030年，全球煤炭需求将至少增长

50%。那么，全球煤炭资源储备情况究竟如何？按照世界能源协会提供的数据，全球已探明可开采的煤炭储量共计 1.6 万亿吨。尽管煤炭资源是世界上储量最丰富的化石能源，但是依照目前的消费速度，全世界煤炭能源也仅能满足 200 年所需。所以，必须通过技术和管理创新，提高传统能源使用效率，研发及应用新能源及可再生能源，双管齐下以节约能源，降低能耗水平。

（二）低排放

发展低碳经济的内在要求之一就是逐步弱化经济增长与能源消费生产和消费过程中碳排放之间的正相关关系，争取实现“碳脱钩”。不过，在当前能源生产和消费结构短期内难以发生根本性改变的情况下，提高能效成为降低二氧化碳排放量的现实选择。从目前对于推动世界经济增长贡献较大、较为活跃的几大经济体的情况看，煤炭在一次能源消费结构中所占的比例仍然较高。其中，中国、印度、南非分别约为 70%、53%和 77%。美国、德国、日本等约为四分之一。须知 85%的二氧化碳排放量都是来源于煤的燃烧。就一段时期来看，各发达经济体仍面临着经济复苏的重任，而发展中大国也要保持连续增长的势头。未来各国，尤其是经济发展较快的新兴经济体需要避免“高排放、高增长”的老路，争取向快速、健康和可持续发展模式转型，所以需寻找实现低碳经济的可行路径。相对成熟的清洁煤技术以及正在试验阶段的碳捕集与技术等都为继续使用化石能源的同时降低温室气体排放量提供了前景。

（三）低污染

能源的利用与环境构成和质量密切相关。对于煤、石油等的深度开采、加工、转化、使用等过程直接了导致大气、水资源等环境污染问题。目前，城市空气的主要污染物是可吸入颗粒物和氮氧化物。中国机动车燃油消耗占当年石油消耗量的比例超过三分之一，2020 年更将提高至近 60%。随着汽车保有量的增加，燃油所排放的氮氧化物已成为大气污染的主要来源。我国针对重型柴油车排放标准，提出了越来越高的要求，自 2000 年至今实施国 Ⅰ 标准以来，已经制定并将实行出第六套排放标准。之前实行的国Ⅳ标准在国Ⅲ的基础上分别大幅度削减可吸入颗粒物和氮氧化物达80%和30%。类似严格的环保标准鼓励企业采用新技术提高燃油效率、研发混合动力汽车、纯电动汽车、燃料电池汽车及替代燃料汽车等。目前，中国正在加紧培养新能源汽车产业链，新能源汽车保有量高速增长。截至2021年底，全国新能源汽车保有量达784万辆，位居全球首位。

二、低碳经济的基本实现方式

低碳经济处于成长期，在发展方向和实现方式方面蕴藏着各种各样的可能性。许多政府和企业更是将此次金融危机视为重大机遇，希望可以促进低碳技术的研发与应用，在新能源领域快速形成产业规模。正在紧张进行的国际气候谈判对全球温室气体排放削减目标已经达成初步共识，这就是将全球温升幅度控制在工业化前水平的2℃以内，那需要将大气中温室气体的浓度稳定在450ppm以内。至2050年，全球温室气体排放量则须在1990年的水平上减少50%以上。无论未来的国际气候合作机制如何，对于任何负责任的政府和社会而言，这一因素构成了发展低碳经济，以实现减排目标的外部动力。

目前，各国为培育和促进低碳经济的发展，主要通过如下三种方式。

(一)调整传统能源生产和消费结构

改变现代生产和生活方式中以石油、煤炭等化石能源为主的能源使用结构。一次能源是自然界中以原有形式存在而未经加工转换的那些能量资源，除了我们经常谈到的石油、煤炭、天然气等化石燃料，还有水能、核能、太阳能、风能、地热能、潮汐能等。一次能源中还可以细分为可再生能源与不可再生能源。可再生能源主要指那些来自于太阳并可以不断产生的天然能源，比如风能、太阳能等。目前，来自可再生能源的电量仅占全球能源需求总量的29%。调整能源生产和消费结构就是要降低对化石能源的依赖，稳步提高风能、太阳能等可再生能源以及核能的比例。就世界范围来看，风能、太阳能、核能等技术较为成熟，业已形成了相当的产业规模。近年来，在有利的政策环境下，欧盟、中国、日本等相关行业、企业进入迅速扩张阶段，并取得良好收益。比如光伏设备、风机制造等。2020年，丹麦风能产业仍是其最重要的能源技术和服务出口行业，占比达47%。风电行业总收入为1285亿丹麦克朗。目前，从全球范围看，风力发电已经从小规模应用的补充能源向大规模主要能源转变。[①] 美国、德国、印度、西班牙等风电装机容量分别达139吉瓦、64吉瓦、42吉瓦和29吉瓦。[②]

（二）切实提高能效

如前文所述，对于大多数国家而言，在短期内彻底改变化石能源为主的能源消费结构极为困难，提高能效则是可行选项。所谓能效即“能源的使用效率”，包括能源技术进步效率和能源经济效率。能源技术效率是指由生产技术、工艺及设备等所决定的能源效率。能源经济效率是指一个国家和地区的经济体制、发展阶段、产业结构、管理水平等所决定的能源效率。提高能效就是要以相对较少的能源消耗和环境污染获取更多的经济产出。为此目的，一方面，依靠节约能源，如节电、节水、节油等；另一方面，则需借助技术创新与进步，在能源开发、生产、输送、转换和使用等各个环节以较低的能源消耗创造更高的能源使用综合效益。单位经济总量能耗是衡量经济体能源利用效率高低的重要指标。按照汇率法或购买力平价法计算某经济体的单位经济总量能耗会有不同的结果，但是能源利用效率高的地区也是低碳经济相对发达的国家和地区。

（三）开发自然及人工碳汇能力

所谓碳汇就是可从大气中积累二氧化碳等含碳元素的化合物并存储一定时期的自然或人工储库。自然碳汇主要依靠两种渠道，一是海洋，通过多种物理、化学及生物过程吸收二氧化碳；二是森林，尤其是热带雨林等陆地植物的光合作用。人工碳汇包括大型垃圾填埋场、碳捕集与封存项目等。目前，自然碳汇的规模与能力远远大于人工碳汇。护林、

---

① Employment，Export and Revenue，https：//en. winddenmark. dk/wind－in－denmark/statistics/employment－export－and－revenue.

② The top 10 countries with the largest wind energy capacity in 2021，https：//www. power－technology. com/analysis/wind－energy－by－country/.

造林已经成为适应和减缓全球气候变化影响的重要手段，在碳汇中发挥着不可替代的作用。据测定，森林每生长出 1 立方米的蓄积量，每年平均要吸收 1.83 吨二氧化碳，释放出 1.62 吨氧气。单位面积森林吸收固定二氧化碳的能力达到每公顷 150.47 吨。2007 年，联合国粮农组织发表报告称，世界森林面积约 40 亿公顷，森林可吸收二氧化碳等温室气体并将其封存，数量可达 6380 亿吨。尽管森林植被覆盖区域仅占地球陆地面积的 30%左右，但其所固定的碳储量几乎占到了陆地碳库总量的一半。所以，大规模毁林开荒或出现森林退化，将导致封存的二氧化碳释放到大气中。2009 年，中国在联合国气候变化峰会上关于大力增加森林碳汇的倡议获得广泛响应。2010 年，在墨西哥坎昆召开的联合国气候大会在支持发展中国家"减少因砍伐森林和森林退化导致温室气体排放"行动方面取得重大成果。当前国际气候谈判在这一领域的进展对于各国强化森林碳汇能力日趋有利。增加碳汇造林、建设能源林、建立农林复合系统、提高木材综合利用率、开发生物质能源等也成为低碳经济发展的重要突破方向。

第三节 各国低碳经济政策取向

发达国家和发展中国家在自然资源禀赋、经济与社会发展阶段、科技水平及创新能力等诸多方面存在巨大差异，低碳经济发展呈现出不同的特点。但是，各国在培育和促进低碳经济方面却有诸多共同取向。

一、确定国家低碳经济发展战略，并将其纳入国家经济社会发展目标

对于新兴经济体而言，需要引导经济增长与温室气体排放逐步实现脱钩，即走上低碳发展道路。如前所述，中国从"十一五"规划到"十四五"规划，具有明确目标、清晰任务、务实方案的低碳发展战略分阶段得到持续推进。工信部针对工业领域又制定了《"十四五"工业绿色发展规划》，明确工业领域绿色低碳发展的具体目标，即到 2025 年，单位工业增加值二氧化碳排放降低 18%，钢铁、有色金属、建材等重点行业碳排

放总量控制取得阶段性成果；重点行业主要污染物排放强度降低 10%；规模以上工业单位增加值能耗降低 13.5%；大宗工业固废综合利用率达到 57%，单位工业增加值用水量降低 16%；推广万种绿色产品，绿色环保产业产值达到 11 万亿元。

印度从其第 11 个五年计划(2007—2012 年)开始，即要求加速发展可再生能源，目标是到 2030 年可再生能源装容量达到 450 吉瓦。2017 年，印度新增可再生能源发电首次超过煤电。煤电装机占比已经从 1990 年的 64.8%下降到 2018 年的 57.3%，同期可再生能源装机占比上升到 21%。印度实施低排放战略，还包括逐步停止运营 8000 兆瓦的低效火电机组，新增 2.7 万兆瓦的天然气发电和 8 万兆瓦的高效超临界热机组，以实现 2020 年碳强度在 2005 年水平上减少 20%至 25%。

作为发达国家，英国 2009 年发布《英国低碳转型计划》，为英国经济实现低碳转型作出十年规划，对行业领域、公私部门实现了全面覆盖，实施效果显著。目前，英国低碳经济价值超过 2000 亿英镑，几乎是制造业规模的 4 倍，预计未来几年仍将保持增长。

二、建立并完善法律法规体系。依靠专门的法律、法规来规范低碳产业的发展，引导方向

2008 年 11 月，英国议会通过了《气候变化法》，成为世界上第一个完成气候变化立法的国家。依照法律规定，发展低碳经济成为英国政府的目标。2009 年，英国能源与气候变化部公布了能源规划草案，明确提出核能、可再生能源和清洁煤是英国未来能源的三个重要组成部分，也是实现低碳经济的重要途径。欧盟较早对可再生能源与新能源的研发与利用给予关注。在 2001 和 2003 年，欧盟即颁布《可再生能源电力指令》和《可再生能源交通指令》，以此促进可再生能源电力、生物燃料发展。为落实能源与气候一揽子计划中所提出的新目标，2009 年 4 月，欧盟发布全新的《可再生能源指令》，以最终接替上述两个指令。最早提出建设低碳社会的日本制定了由基本法、综合性能及专门性构成的低碳经济法律体系，比如《循环型社会形成推进基本法》《废弃物管理与公共清洁法》《资源有效利用促进法》及《绿色采购法》等。2009 年 2 月，为走出金融危机的阴影，美国出台《美国复苏与再投资法案》，确保将总额达 7870 亿美元的投资用于新能源的开发和利用。拜登政府提出总额约 1.2 万亿美元的《基建和就业法案》(Infrastructure Investment and Jobs Act)，以及覆盖范围更为广泛、总额高达 3.5 万亿美元的社会支出计划。除了传统基建、社会福利等，直接投向应对气候变化、发展清洁能源、加强环境保护等项开支在基建计划和社会支出计划中分别为1640 亿美元和 5200 亿美元。

三、确立低碳产业突破方向

发展低碳经济对于任何国家都是一个重大挑战，可谓牵一发而动全身，前景充满未知数。各国都在根据各自的资源条件、产业格局、技术水平等实际情况审慎谋划、稳步推进。选择适合的产业、行业作为突破方向尤其重要。

目前，丹麦风电行业发展在世界上独占鳌头，全球十大风力涡轮机制造商中有 5 家在丹麦，维斯塔斯(Vestas Wind Systems)公司更是其中翘楚。丹麦制造的风电设备占据世界的 30%以上的市场份额。

丹麦在风能开发方面的耀眼成绩来自于科学规划、厚积薄发。从气候上看，丹麦多风，具备发展风电的基础条件。丹麦能源对外依赖度一度高达 99%。20 世纪 70 年代的石油危机极大地震动了丹麦，增加了其维护自身能源安全的紧迫感。丹麦政府运用财政、税收等政策鼓励、扶持可再生能源的研究、开发、应用及推广。为吸引资金进入风电行业，丹麦政府为每台风机提供高额补贴，相当于其成本的 30%，增强风电与传统电力展开竞争的能力。入网的风电企业还享受返税等优惠政策。在探索风电产业化模式的过程中，丹麦逐步确立起世界上第一套风机技术质量认证、产品认证标准化系统，拟制完成风电并网指南。由丹麦国家实验室确定的风机规格和参数也大多成为世界通行标准。目前，丹麦已成为世界上风能发电量占比最高的国家，占 40%以上。由于对风能等可再生能源开发利用成效显著，丹麦成为欧盟中单位经济总量能耗最低的国家。

日本于20世纪70年代开始拟定"阳光计划"，大力发展以太阳能为主的可再生能源技术。后来，又成立新能源综合开发机构，负责光电产业化管理。在日本政府的直接推动下，光伏电池的生产成本和技术均有很大进步，形成以京陶、夏普和三洋电机为骨干的光伏电池行业，并于20世纪90年代在产量上超过美国，赢得世界首位。目前，日本在此领域依然保持着技术领先地位，并成为最大的光伏设备出口国。光伏发电成为日本可再生能源发展的支柱，光伏装机量一路攀升。2021年，日本通过《第六次能源基本规划》草案，确定了2030年可再生能源发展目标，到2030年，光伏发电方面占比提高至14%～16%，装机容量达103.5～117.6吉瓦。

四、借助财政、税收手段及市场力量加以扶持

低碳技术从研发、成熟以至大规模商业化或产业化应用是一个漫长的过程，不仅投入巨大，且存在诸多难以预知的风险。政府通过优惠或优待政策可以向相关企业、研发部门发出明确的市场信号，共担风险，实现国家产业规划目标。德国、英国、瑞典、丹麦等国征收生态税或环境税。征税对象为燃料、电力、包装等产品，目的在于节约能源与资源，税收收入用于发展可再生能源，优化能源结构，提高企业国际竞争力。比如，德国政府于2001年出台《可再生能源法》，一直鼓励利用光伏技术设备发电的企业，在2021年的可再生能源和热电联产系统招标中，对太阳能装置的平均支持上升到每千瓦时(kWh)超过5美分。英国于2001年开始征收气候变化税，旨在鼓励企业提高能源利用效率、采用可再生能源，帮助英国实现温室气体减排的国内和国际目标。征收对象是电力、天然气、液化石油气和固体燃料(如煤)等能源供应企业。所征税额以节能环保投资补贴、碳基金等方式返还给企业。印度采取政府投资方式建立国家能源基金，以此资助太阳能、核能综合利用技术、混合燃料汽车

技术、高能电池技术等的研发。2005 年 1 月，欧盟开始运行“欧盟排放交易体系”(EU ETS)，利用市场机制力量促进成员国温室气体减排并向低碳经济转型。这一体系包括欧盟所有成员国、冰岛、挪威、列支敦士登和英国 31 个国家的 1.1 万多家工厂、发电厂等排放终端，覆盖欧盟近一半温室气体排放量，已经成为欧盟气候变化政策的重要支柱。据 2020 年的一项研究测算，该体系在 2008—2016 年间减少了 10 亿吨以上温室气体排放量。

五、积极开展能源、低碳领域的国际合作

技术、资金、人员等在世界范围内流动是全球化时代的重要特征。在低碳经济领域，发达国家和发展中国家处于不同的发展水平。发达国家往往掌握更多的技术优势，发展中国家对先进技术需求旺盛，是成长迅速的应用市场和合作伙伴。双方各有所需，各有所长。有中国、美国、欧盟、英国、德国、法国、澳大利亚、印度、印度尼西亚等 17 个全球主要经济体参加的“主要经济体能源与气候论坛”(MEF)将促进低碳技术合作作为核心议题。其所制订的技术行动计划涵盖生物质能、低排放燃煤、智能电网、碳捕集与封存、太阳能、风能等十大低碳技术领域。类似多边合作机制还有很多，比如欧盟与美国之间的绿色技术联盟(Green Technology Alliance)、全球电力系统转型集团(Global Power System Transformation)、全球气候智能基础设施伙伴关系(Global Partnership for Climate-Smart Infrastructure)等。同时，双边合作正呈现出向纵深发展的趋势。中国与欧盟在推进低碳合作方面进展良好，较早期的如 2010 年启动的中欧清洁能源中心 (EC2)。2016 年，中欧签署《中国—欧盟能源路线图(2016—2020)》，建立了中欧能源合作平台(ECECP)，旨在扩大可再生能源应用，提高能源效率，支持创新企业。中欧联合制定《中欧能源合作路线图(2021—2025)》，加强双方能源技术创新领域的务实合作，推动关键技术装备合作。

六、强化、普及公众的低碳意识

低碳经济是综合性的概念，涉及社会生活的方方面面。建成低碳社会、实现低碳生活离不开企业与公众的积极参与。所以，提高公众的环境意识、低碳意识是降低能耗、减少污染、保护环境的前提，对于贯彻低碳、环保政策法规，引导公众的低碳、环保实践，建设生态文明与环境友好型社会具有重要作用。2010 年上海世博会成为普及低碳意识、践行低碳生活的生动课堂，影响深远。这次盛会从筹备到举办，坚持"一次性投入，可循环利用"的原则。在上海世博会结束时，将 60%～70%的碳排放量实现抵销，会后 4～5 年实现碳平衡。日本政府将社会公众视为建设低碳社会建设主体之一，强调发挥国民的作用。2003 年即在横滨市实施了"G30 行动"，由市民与企业共同参与，要求至 2010 年城市垃圾的产生量较 2001 年减少 30%，以减少城市垃圾，倡导循环利用。结果是提前五年超额完成任务。"10∶10 行动"源于英国，含义是从 2010 年起，个人、家庭、学校等所有参与主体承诺，每年将自身的碳排放量减少 10%。这一活动在全球得到广泛响应，将分散的社会力量联结起来，有助于全社会形成可持续发展的共识。

尽管各国正在为低碳经济努力，但是在转型的过程中仍将面临若干不确定性因素。比如，成本问题，包括经济成本与社会成本。无论是工业化国家，还是正在实现工业化的国家都面临同样的问题。抛弃长期依赖的化石能源为主的传统能源消费结构和经济增长模式转向低碳经济并非轻而易举。低碳技术在逐步成熟并达到商业化应用的水平不仅需要投入大量的资金、人力等，而且前景并不明朗。即便是在技术相对成熟的领域，也存在应用成本高企的现象。比如，氢能常被视为零碳能源。但是，氢能为二次能源，需要通过制氢技术提取。其运输、存储、转化等各个环节的成本都比化石能源高，总成本约是汽油的 4～6 倍。而有效利用氢能则需要大量投入建设氢能源的生产、销售和运输等基础设施。美国新能源专家认为，依照当前燃料电池技术，即使将氢燃料电池汽车的产量提高到每年 50 万辆的规模，每辆车的成本还是要比烧汽油的车高出 6 倍多。而建立并维持像加油站一样的燃料补充体系尚无可能。

发展低碳经济还将面临新能源和可再生能源技术的成熟度与安全性

的风险问题。核能一度被视为清洁高效的能源。在包括中国在内的许多国家的应对气候变化方案中，核能被视为传统化石能源的重要替代能源之一，是达成减排目标的倚重力量。目前，全世界电力供应的13%～15%来自核电。西方主要发达国家核电占本国总电力的比例分别为法国77%、韩国38%、德国32%、日本30%、美国20%、英国20%、俄罗斯16%。根据政府间气候变化专门委员会在2010年发布的报告，在各项电力技术中，核电具有最大的温室气体减排潜力，目前因利用核能每年可减少二氧化碳的排放约20亿吨。奥巴马就任以来，就一直力图重启因“三哩岛”核泄漏事故而停止30年的核电建设，实现美国能源结构的优化。近年，中国也一改以往对核能保守、谨慎的态度，大力发展核电。目前，中国在建核电项目超过30个，居世界首位。然而，在2011年3月的日本大地震中，世界上最大的福岛核电站发生几乎无法控制的严重核泄漏事故，造成核辐射大面积扩散。这一事故举世震惊。各国都在反思和重新评估核能的安全性及其前景。堪称老牌核电大国的德国已然作出决策。2011年5月，德国总理默克尔宣布，执政联盟与各联邦州已经就2022年底前核电站关闭退出时间表达成一致。此前，瑞士也表示将在2034年前逐步关闭其境内的全部核电站。

低碳产业的发展潜力巨大。据国际能源署发布的《世界能源展望(2008)》估计，如果要将大气中温室气体浓度控制在450ppm，2007—2030年间，能源基础设施方面所需投资将超过26万亿美元。但是，在探索发展低碳经济的道路上存在极大的复杂性和不确定性。对于英国、德国、丹麦、日本等低碳经济领先者的经验和教训当然需要学习和借鉴，但是切忌盲目跟进、一哄而上，而是需要根据自身国情及所处发展阶段能源消费的特点等因素审慎决策、稳妥推进。

第四节 碳达峰、碳中和：意义、挑战与实现路径

2020年9月，习近平主席在第七十五届联合国大会一般性辩论上宣布，“中国将提高国家自主贡献力度，采取更加有力的政策和措施，二氧化碳排放力争于2030年前达到峰值，努力争取2060年前实现碳中和”。2021年11月，在格拉斯哥气候大会前，中国正式将其纳入新的国家自主贡献方案并提交联合国。实现碳达峰、碳中和目标是以习近平同志为核心的党中央作出的重大战略决策，事关中华民族永续发展和构建人类命运共同体。

一、碳达峰、碳中和影响广泛深远

碳达峰、碳中和目标是指中国碳排放量将于2030年前达到峰值，并进入平稳期，其间虽有波动，但总体保持下降趋势。2060年前，通过采取除碳等措施，使碳清除量与排放量达到平衡，即中和状态。迈向碳达峰、碳中和已成为国际社会应对气候变化目标的基本共识。目前，全球已有五十多个国家实现碳达峰，但未有主要经济体实现碳中和。从历史上看，各国工业化进程、资源禀赋、人口结构、经济社会发展水平客观上存在显著差异，因而在能源消费、碳排放曲线方面表现出不同的运动轨迹。

(一)碳达峰是经济体工业化进程中的阶段性结果

评估一个国家碳达峰状况，不仅要看其具有标志性意义的排放最高点，更重要的是要考察排放量所形成的高峰区间何时出现。这是一个时间段，排放量虽仍有波动，但相对稳定，并呈下降之势。而从更长的世界经济发展史看，一个经济体或会形成不止一个高峰区间。碳排放曲线表现出清晰的运动逻辑。促其演进的主要因素是经济体的经济规模、能源消费结构、减碳及除碳能力等。在这些因素变化的综合作用下，碳排放峰值出现上升或下降。一般地，当经济规模扩张、化石能源消费上升，

如减碳、除碳能力未能随之大幅提升，则也可能迈向新的峰值区间。挪威于1979年即达到温室气体排放峰值，当年排放量为3270万吨。直至1995年，排放量未曾越过这一高点，形成2700万～3200万吨的高峰区间。这一情形于1996年结束。随后，直至2019年，在3400万～3800万吨的区间波动。其间最高值为2004年的3770万吨，目前已转入下降通道，第二个高峰区间或将得到确认。[①]

(二)碳中和是经济体用碳与除碳数量达成动态平衡的状态，是经济社会走上可持续发展道路的重要标志

实现碳中和是经济体对气候变化采取积极、全面应对策略的结果。对于一个较大规模的经济体而言，实现碳中和是以较为坚实的经济、技术、政策基础为前提条件的系统性工程。减碳并不否定增长，或被动地压缩增长空间，而是更注重生态环境效益，实现人与自然和谐共生的全面发展。从全球范围看，已有不丹、苏里南等少数国家宣布实现碳中和。其共同特点是经济体量不大、产业结构单一、人口较少、碳汇条件占优等。对于更具有参考意义的体量较大经济体实现碳中和的实践还有待观察。截至目前，全球约七十个经济体作出碳中和承诺，期限多定在2050年前。但是，各经济体所做承诺性质的法律约束力存在较大差异。德国、法国、丹麦等十几个国家将其纳入立法。中国、巴西、阿根廷等约十个国家将其纳入新的自主贡献方案，正式提交联合国气候变化框架公约秘书处。美国、澳大利亚等则为政策立场宣示或意向声明等。

(三)碳达峰、碳中和的最终指向是经济增长与碳排放深度脱钩，实现社会繁荣发展与生态环境持续改善之间的有机统一

实现碳达峰是实现碳中和的前提条件和必经阶段，但是二者之间并不是自然的继起关系。实现碳达峰、碳中和是关涉社会方方面面深刻变革的长期、复杂的系统工程，既不会一蹴而就，也不是一劳永逸。必须

---

① Hannah Ritchie, Max Roser and Pablo Rosado (2020) — "CO_2 and Greenhouse Gas Emissions". Published online at OurWorldInData. org. Retrieved from: https: //ourworldindata. org/co2 — and — other — greenhouse — gas — emissions' [Online Resource].

正确认识碳达峰、碳中和的内涵，整体规划、稳中求进，以新发展理念为指导，持续推动经济社会发展全面绿色转型。

从国内层面看，实现碳达峰、碳中和目标有助于促进经济增长方式向低碳清洁方向转变，提升国家应对气候变化能力。日前，联合国政府间气候变化专门委员会第二工作组最新的评估报告发布，称人为造成的气候变化给自然界造成了广泛的破坏，影响全球数十亿人。随着全球温升 1.5℃，今后 20 年，世界会面临不可避免的多重气候危害。2021 年发布的第一工作组评估报告指向同样的结论，并呼吁人类采取快速、大规模的温室气体减排行动。气候变化是全球性问题。无论是减缓还是适应行动都需要国际社会达成普遍共识，采取协同行动。

改革开放以来，中国经济创造了持续快速增长的奇迹，已成为世界第二大经济体，但也在年温室气体排放量和历史累积碳排放量方面居于前列。“十一五”以来，中国加快调整优化产业结构和能源结构，降低化石能源消费，减少温室气体排放，推动经济增长模式从速度规模型向质量效益型转变。中国新能源消费结构持续优化，煤炭消费占比呈下降趋势，煤炭需求已在 2013 年达到峰值，2018 年跌入 60%以内，预期至 2040 年降至 35%。清洁能源消费占比从 2011 年的 13%上升到 2019 年的 23.4%，并呈继续扩张势头。从全球范围看，中国能源消费需求增长率逐步降至年均 1.1%，不及之前 22 年年均增长率的五分之一，在全球能源需求中的占比稳步缩减。碳达峰、碳中和目标将进一步促进中国实现经济社会进步和生态环境保护平衡推进的可持续发展模式。

从国际层面看，实现碳达峰、碳中和目标有助于增强中国参与引领全球气候治理的能力。当前，全球气候治理面临一系列困境。即使联合国气候变化框架公约所有缔约方提交的国家自主贡献方案均顺利实施，到 2030 年全球温室气体排放量仍将较 2010 年增加 16%。如果这一态势得不到扭转，则到本世纪末或会导致全球温升约 2.7℃。中国向国际社会主动宣布，并将碳达峰、碳中和目标纳入新的国家自主贡献方案，为进一步提出全球性气候行动倡议赢得更有力的支持。针对当前以《巴黎协定》为重要支柱的国际气候合作机制存在的效率不彰、力度不足等突出问题，中国可与广大发展中国家正式提出完善全球气候治理机制的倡议与展望，在坚决维护开展国际气候合作的基本原则的同时，正面回应时代进步的要求，就“碳边境调节机制”、增强透明度、构建全球碳市场等重大议题提出鲜明主张。

二、碳达峰、碳中和不会一蹴而就

中国实现碳达峰、碳中和目标面临着一系列挑战。全球已经实现碳排放达峰的国家主要是完成工业化进程的发达国家，一般经过了六七十年的过渡期。中国是世界上最大的发展中国家，与发达国家处于不同阶段和水平，过渡时间仅有30年左右。如此，在保持经济增长的同时，实现产业、能源、排放等结构性转型确实存在时间紧迫、任务繁重的难题。

（一）中国仍需继续保持一定经济增长速度以实现经济社会发展目标

中国中长期经济社会发展目标和任务明确，从当前到2035年要基本实现社会主义现代化，到本世纪中叶，建成富强民主文明和谐美丽的社会主义现代化强国。“两步走”环环相扣、依次递进，能否如期达成第一步目标任务，将直接决定建成社会主义现代化强国的前景。在第一个阶段，即经过15年，中国“人均国内生产总值达到中等发达国家水平，中等收入群体显著扩大，基本公共服务实现均等化，城乡区域发展差距和居民生活水平差距显著缩小”，“共同富裕取得更为明显的实质性进展”。当前，中国人均国内生产总值刚刚突破1万美元。据有关机构测算，若达到中等发达国家水平以及实现其他相关目标，2021—2035年，中国人均实际经济总量需保持约5.4%的增速。经济规模扩大的总趋势将支持能源消费总量在较长一段时期仍将保持上行趋势。

（二）中国高碳能源消费依赖性仍强

近年来，中国能源消费结构加速向清洁、低碳方向转型。据国家能源局数据，至2021年底，中国可再生能源发电累计装机容量已突破10亿千瓦，占全国发电总装机容量的比重达到43.5%，水电、风电、太阳能发电和生物质发电装机分别达到3.85亿千瓦、2.99亿千瓦、2.82亿千瓦和3534万千瓦，均持续保持世界第一。能源消费总量增速下降至约2%，但上升势头仍将保持一段时间。同时，一次能源消费结构中，煤炭、石油、天然气等高碳化石能源占比仍接近90%。特别是，2021年冬春季节全球各地出现的所谓“电荒”“气荒”现象，集中暴露出化石能源向清洁能源过渡过程中亟待处理的稳定性、安全性问题。全球范围化石能源消费一度回升，经济增长与煤炭脱钩进程遭遇曲折。中国作为全球最大发展中国家，能源需求刚性增长和绿色低碳转型之间的矛盾仍将持续一段时间。

(三)中国碳排放总量仍然较大

进入21世纪，中国经济增长大幅提速，经历了世所罕见的持续高增长阶段。随之，中国碳排放量增速提高，2007年排放量已超过美国。就历史累积碳排放量而言，是美国总排放量的一半，位居全球第二位。中国电力行业是最主要的碳排放部门。2020年，电力行业碳排放占全国碳排放总量的37%，其中煤电占三分之二。为确保电力供应，维持生产生活秩序稳定，中国现役一千多座燃煤电厂不宜在短时间内集中退出能源系统。

三、实现碳达峰、碳中和要立足中国基本国情

实现碳达峰、碳中和目标是具有全局性、战略性特点的系统性工程，虽可借鉴其他国家经验，但更重要的是，务必要从中国基本国情、发展任务等出发，特别是要把握中国进入新发展阶段的特点，全面贯彻新发展理念，将其纳入生态文明建设整体布局统筹谋划，探索具有中国特色的实现路径。

(一)落实顶层设计所指明的方向及路线图

碳达峰、碳中和将带来中国经济发展方式的历史性转变，带来广泛而深刻的经济与社会的系统性变革。因而，党和国家将“做好碳达峰、碳中和工作”纳入国家重大发展战略。《中共中央关于制定国民经济和社会

发展第十四个五年规划和二〇三五年远景目标的建议》、中央经济工作会议等都已明确这一定位。《关于完整准确全面贯彻新发展理念做好碳达峰碳中和工作的意见》《2030 年前碳达峰行动方案》等更提供了中国实现碳达峰、碳中和政策、行动的基本原则、时间表、路线图，是在落实相关工作时，根据形势变化进行总体把控、微观灵活调整的根本遵循。李克强总理在 2022 年政府工作报告中提出，2022 年持续改善生态环境，推动绿色低碳发展，有序推进碳达峰碳中和工作。

(二)促进能源消费结构清洁化、低碳化

在以化石能源为主体的能源系统中，自上而下调控能源消费规模、优化能源消费结构就是降低二氧化碳排放总量的有效方法。一方面，稳妥推动传统化石能源退出。所谓退出是指将其消耗总量逐步降低到更为合理的比例，并不是绝对消除。施策重点需瞄准化石能源消费的重点行业、企业，如电力、制造、交通、建筑等，以求全面发力、多点突破。其中电力部门脱碳需居于优先地位。另一方面，稳步推进清洁能源部署。特别注意避免“一窝蜂”“一刀切”式的急躁冒进，甚至强推不符合成本收益原则的技术、产品。客观评估天然气等低碳能源在高碳能源退出过程中发挥过渡、替代作用的积极意义。其根本目的是形成高碳、低碳、零碳能源相互支持、互为补充的合理、高效的绿色能源消费结构。

(三)充分利用市场机制的力量

实现碳达峰、碳中和终究还是需要通过经济手段。承认并通过机制设计体现温室气体排放的市场价格有助于调动政府、企业、机构等各类社会主体参与减排的积极性。在基于市场机制中，碳交易、碳税制度都可根据地区、区域、行业等差异作为政策选项。中国于 2021 年正式启动碳交易市场，首批纳入发电行业重点排放单位有两千多家，覆盖约 45 亿吨二氧化碳排放量。中国碳交易市场已经过八年试点和近一年的实际运行，可及时、全面评估这一市场的行业覆盖范围、价格管理机制、排放权分配机制及其对生产和生活成本、企业竞争力影响等关键问题，为向更大范围推广及与国际其他市场联结预做准备。

(四)妥善筹划相关对外工作

根本目的在于推动建立公平合理、合作共赢的全球环境、气候治理体系。一是有助于创造良好的外部环境。排除一些国家对中国碳达峰、碳中和相关工作的干扰。二是有利于高效、低碳、清洁技术的推广与合作，促进节能减排。近些年来，中国清洁能源产品与技术的研发与应用进步较快，与不少国家形成互补，各方深化合作、互利共赢的需求旺盛。三是促进与各国政府的政策协调。温室气体排放问题常超越国境，加强国际交流合作不仅有助于相关国家协同减排，也有助于推动国际气候合作机制变革，形成适应时代变化的新规则与新标准。

参考文献

[1]习近平．习近平谈治国理政：第一卷[M]. 北京：外文出版社，2014.

[2]习近平．习近平谈治国理政：第二卷[M]. 北京：外文出版社，2017.

[3]习近平．习近平谈治国理政：第三卷[M]. 北京：外文出版社，2020.

[4]习近平．论坚持推动构建人类命运共同体[M]. 北京：中央文献出版社，2018.

[5]习近平．论把握新发展阶段、贯彻新发展理念、构建新发展格局[M]. 北京：中央文献出版社，2021.

[6]国家气候变化对策协调小组办公室，中国21世纪议程管理中心．全球气候变化：人类面临的挑战[M]. 北京：商务印书馆，2004.

[7]中共中央文献研究室．习近平关于社会主义生态文明建设论述摘编[M]. 北京：中央文献出版社，2017.

[8]廖红等．美国环境管理的历史与发展[M]. 北京：中国环境科学出版社，2006.

[9]蓝志勇，孙春霞．实践中的美国公共政策[M]. 北京：中国人民大学出版社，2007.

[10]林云华．国际气候合作与排放权交易制度[M]. 北京：中国经济出版社，2007.

[11]陈向明．质的研究方法与社会科学研究[M]. 北京：教育科学出版社，2000.

[12]潘家华．气候变化经济学[M]. 北京：中国社会科学出版社，2018.

[13]张海滨．气候变化与中国国家安全[M]. 北京：时事出版社，2010.

[14]于宏源．美国气候外交研究[M]. 上海：格致出版社，2020.

[15]陈迎等．碳达峰、碳中和 100 问[M]．北京：人民日报出版社，2021.
[16]庄贵阳．现代化经济体系：绿色导向与实践路径[M]．北京：社会科学文献出版社，2021.
[17]唐颖侠．国际气候变化治理：制度与路径[M]．天津：南开大学出版社，2015.
[18]袁倩．全球气候治理[M]．北京：中央编译出版社，2017.
[19]田丹宇．应对气候变化立法研究[M]．北京：电子工业出版社，2020.
[20]刘建飞．引领：推动构建人类命运共同体[M]．北京：中共中央党校出版社，2018.
[21]唐方方．气候变化与碳交易[M]．北京：北京大学出版社，2012.
[22]邹骥等．论全球气候治理：构建人类发展路径创新的国际体制[M]．北京：中国计划出版社，2015.
[23]陈家刚．全球治理：概念与理论[M]．北京：中央编译出版社，2017.
[24]刘锦明等．经济外交案例[M]．沈阳：辽宁人民出版社，2011.
[25]张坤民等．低碳经济论[M]．北京：中国环境科学出版社，2008.
[26]李金珊等．应对气候变化的低碳政策研究[M]．杭州：浙江人民出版社，2015.
[27]许靖华．气候创造历史[M]．甘锡安，译．北京：生活·读书·新知三联书店，2014.
[28]丹尼尔·W. 布罗姆利．经济利益与经济制度——公共政策的理论基础[M]．陈郁等，译．上海：上海三联书店，上海人民出版社，2006.
[29]安东尼·吉登斯．气候变化的政治[M]．北京：社会科学文献出版社，2009.
[30]E. 库拉．环境经济学思想史[M]．谢扬举，译．上海：上海人民出

版社，2007.
[31]罗伯特·古丁等．政治科学新手册[M]．钟开斌等，译．北京：生活·读书·新知三联书店，2006.
[32]罗伯特·吉本斯．博弈论基础[M]．高峰，译．北京：中国社会科学出版社，1999.
[33]罗伯特·吉尔平．国际关系政治经济学[M]．杨宇光等，译．上海：上海世纪出版集团，2006.
[34]迈克尔·豪利特．公共政策研究：政策循环与政策子系统[M]．庞诗等，译．北京：生活·读书·新知三联书店，2004.
[35]曼瑟尔·奥尔森．集体行动的逻辑[M]．陈郁等，译．上海：上海三联书店，上海人民出版社，1995.
[36]苏珊·C. 莫泽等．气候变化适应：科学与政策联动的成功实践[M]．曲建升等，译．北京：科学出版社，2017.
[37]大卫·希尔曼等．气候变化的挑战与民主的失灵[M]．武锡申等，译．北京：社会科学文献出版社，2010.
[38]魏伯乐等．翻转极限：生态文明的觉醒之路[M]．程一恒，译．上海：同济大学出版社，2018.
[39]威廉·诺德豪斯．管理全球共同体：气候变化经济学[M]．梁小民，译．上海：中国出版集团东方出版中心，2020.
[40]威廉·诺德豪斯．气候赌场：全球变暖的风险、不确定性与经济学[M]．梁小民，译．上海：中国出版集团东方出版中心，2020.
[41]杰里米·里夫金．零碳社会：生态文明的崛起和全球绿色新政[M]．赛迪研究院专家组，译．北京：中信出版社，2020.
[42]保罗·R. 伯特尼等．环境保护的公共政策[M]．穆贤清等，译．上海：上海人民出版社，2004.
[43]史蒂夫·范德海登．政治理论与全球气候变化/同一颗星球[M]．殷培红等，译．南京：江苏人民出版社，2019.
[44]何俊志等．新制度主义政治学译文精选[M]．天津：天津人民出版

社，2007.
[45]詹姆斯·L. 诺瓦克．美国农业政策：历史变迁与经济分析[M]. 王宇等，译．北京：商务印书馆，2021.
[46]简·雅各布斯．美国大城市的生与死[M]. 金衡山，译．北京：译林出版社，2020.
[47]约翰·冯·诺依曼．博弈论[M]. 刘霞，译．沈阳：沈阳出版社，2020.
[48]尼古拉斯·克兰．地理的时空[M]. 王静，译．北京：中信出版社，2019.
[49]田中道昭．新金融帝国：智能时代全球金融变局[M]. 杨晨，译．杭州：浙江人民出版社，2020.
[50]蒂姆·杰克逊．后增长：人类社会未来发展的新模式[M]. 张美霞等，译．北京：中译出版社，2022.
[51]威廉·克罗农．自然的大都市：芝加哥与大西部[M]. 黄焰结等，译．南京：江苏人民出版社，2020.
[52]伯勒斯．气候变化：多学科方法[M]. 李宁等，译．北京：高等教育出版社，2010.
[53]迈克尔·豪利特等．公共政策研究：政策循环与政策子系统[M]. 庞诗等，译．北京：生活·读书·新知三联书店，2006.
[54]保罗·科利尔．被掠夺的星球：我们为何及怎样为全球繁荣而管理自然[M]. 姜智芹等，译．南京：江苏人民出版社，2019.
[55]马丁·阿尔布老．中国在人类命运共同体中的角色：走向全球领导力理论[M]. 严忠志，译．北京：商务印书馆，2020.
[56]阿维纳什·K. 迪克西特．经济政策的制定：交易成本政治学的视角[M]. 北京：中国人民大学出版社，2004.
[57]保罗·A. 萨巴蒂尔．政策过程理论[M]. 彭宗超等，译．北京：生活·读书·新知三联书店，2004.
[58]麦肯齐·芬克．横财：全球变暖生意兴隆[M]. 王佳存，译．南京：

江苏人民出版社，2018.

[59]布莱恩・费根．小冰河时代：气候如何改变历史(1300—1850)[M]．苏静涛，译．杭州：浙江大学出版社，2013.

[60]米歇尔・克罗齐耶等．行动者与系统：集体行动的政治学[M]．张月等，译．上海：上海三联书店，上海人民出版社，2007.

[61]斯考特・卡兰．环境经济学与环境管理[M]．李建民等，译．北京：清华大学出版社，2006.

[62]T. 佩尔森等．政治经济学：对经济政策的解释[M]．方敏等，译．北京：中国人民大学出版社，2007.

[63]科尼利厄斯・M. 克温．规则制定：政府部门如何制定法规与政策[M]．刘璟等，译．上海：复旦大学出版社，2007.

[64]I. 戴斯勒．美国贸易政治[M]．王恩冕等，译．北京：中国市场出版社，2006.

[65]经济合作与发展组织．税收与环境：互补性政策[M]．张山岭等，译．北京：中国环境科学出版社，1996.

[66]经济合作与发展组织．国际经济手段和气候变化[M]．曹东等，译．北京：中国环境科学出版社，1996.

[67]经济合作与发展组织．贸易的环境影响[M]．丁德宇等，译．北京：中国环境科学出版社，1996.

[68]经济合作与发展组织．环境税的实施战略[M]．张世秋等，译．北京：中国环境科学出版社，1996.

[69]威廉・P. 安德森．经济地理学[M]．安虎森等，译．北京：中国人民大学出版社，2017.

[70]杰森・辛克．未来能源：能源革命的战略机遇期[M]．北京：中国科学技术出版社，2020.

[71]戴维・R. 蒙哥马利．泥土：文明的侵蚀[M]．陆小璇，译．北京：译林出版社，2017.

[72]约翰・J. 柯顿．二十国集团与全球治理[M]．郭树勇等，译．上海：

上海人民出版社，2015.

[73]习近平．推动我国生态文明建设迈上新台阶[J]. 求是，2019(3).

[74]邓梁春．美国气候变化相关立法进展及其对中国的启示[J]. 世界环境，2008(2).

[75]董勤．美国气候变化政策分析[J]. 现代国际关系，2007(11).

[76]李强．后京都时代美国参与国际气候合作原因的理性解读[J]. 理论导刊，2009(3).

[77]Climate change: A status report[J]. New Scientist. 2021，Vol. 250：38-41.

[78]Hamerschlag，Bryan. A "green new Fed"：How the Federal Reserve's existing legal powers could allow it to take action on climate change[J]. Texas Law Review. 2021，100(3)：577-618.

[79]Thomas Dietz，Rachael L. Shwom，and Cameron T. Whitley. Climate change and society[J]. Annual Review of Sociology，2020，46：135-158.

[80]Harriet Bulkeley，Peter Newell. Governing Climate Change[J]. London：Routledge，2015.

[81]Delavane Diaz，Frances Moore. Quantifying the Economic Risks of Climate Change[J]. Nature Climate Change，2017，7：774-782.

[82]Auffhammer，Maximilian. Quantifying Economic Damages from Climate Change[J]. Journal of Economic Perspectives，2018，32(4)：33-52.

[83]Gianluca Schinaia. The Ideological Trick of Climate Change and Sustainability[J]. Interdisciplinary Approaches to Climate Change for Sustainable Growth，2020(2)：11-25.

[84]Khadj Rouf，Tony Wainwright. Linking Health Justice，Social Justice，and Climate Justice[J]. The Lancet Planetary Health，10.1016/S2542-5196(20)30083-8，4，4，(e131-e132)，(2020).

[85]Gerdien Vries. Public Communication as a Tool to Implement Environmental Policies[J]. Social Issues and Policy Review，2019，14(1)：244-272.

[86]Collomb，J.. The Ideology of Climate Change Denial in the United States[J]. European Journal of American Studies，2014.

[87]Mohsin，Muhammad，et al. Developing low carbon finance index：evidence from developed and developing economies[J]. Finance Research Letters，2021(43)：101520.

[88]Cheshmehzangi，Ali. Low carbon transition at the township level：Feasibility study of environmental pollutants and sustainable energy planning[J]. International Journal of Sustainable Energy 2021，40(7)：670-696.

[89]Stevenson，Hayley，John S. Dryzek. Democratizing global climate governance[M]. London：Cambridge University Press，2014.

[90]Gupta，Joyeeta. The history of global climate governance[M]. London：Cambridge University Press，2014.

[91]Dorsch，Marcel J.，Christian Flachsland. A polycentric approach to global climate governance[J]. Global Environmental Politics，2017，17(2)：45-64.

[92]Gupta，Aarti，and Michael Mason. Disclosing or obscuring? The politics of transparency in global climate governance[J]. Current Opinion in Environmental Sustainability，2016，18：82-90.

[93]Van Asselt，Harro. The fragmentation of global climate governance：Consequences and management of regime interactions[M]. MA：Edward Elgar Publishing，2014.

[94]Karlsson-Vinkhuyzen，Sylvia I.，Jeffrey McGee. Legitimacy in an era of fragmentation：The case of global climate governance[J]. Global Environmental Politics，2013，13(3)：56-78.

[95]Okereke，Chukwumerije，Harriet Bulkeley，and Heike Schroeder. Conceptualizing climate governance beyond the international regime [J]. Global environmental politics，2009，9(1)：58-78.

[96]Hoffmann，Matthew J. Climate governance at the crossroads：Experimenting with a global response after Kyoto[M]. Oxford：Oxford University Press，2011.

[97]Bulkeley，Harriet. Accomplishing climate governance[M]. London：Cambridge University Press，2016.

[98]Jordan，Andrew J.，et al. Emergence of polycentric climate governance and its future prospects[J]. Nature Climate Change，2015，5(11)：977-982.

[99]Pattberg，Philipp. Public-private partnerships in global climate governance[J]. Wiley Interdisciplinary Reviews：Climate Change，2010(2)：279-287.

[100]Hale，Thomas，and Charles Roger. Orchestration and transnational climate governance[J]. The review of international organizations，2014，9(1)：59-82.

[101]Turnheim，Bruno，Paula Kivimaa，Frans Berkhout，et al.. Innovating climate governance：moving beyond experiments[M]. Cambridge University Press，2018.

[102]Mountford，Helen，et al.. COP26：Key Outcomes From the UN Climate Talks in Glasgow[C]. 2021.

[103]Maslin，Mark A. The road from Rio to Glasgow：a short history of the climate change negotiations[J]. Scottish Geographical Journal，2020，136(1-4)：5-12.

[104]Depledge，Joanna，Miguel Saldivia，Cristina Peñasco. Glass half full or glass half empty?：the 2021 Glasgow Climate Conference [J]. Climate Policy，2022，22(2)：147-157.

[105]Falkner, Robert. The Paris Agreement and the new logic of international climate politics[J]. International Affairs, 2016, 92(5): 1107-1125.

[106]Dimitrov, Radoslav S. The Paris agreement on climate change: Behind closed doors[J]. Global environmental politics, 2016, 16(3): 1-11.

[107]Klein, Daniel, et al.. The Paris Agreement on climate change: Analysis and commentary[M]. Oxford: Oxford University Press, 2017.

[108]Holden, Philip B., et al.. Climate-carbon cycle uncertainties and the Paris Agreement[J]. Nature Climate Change, 2018, 8(7): 609-613.

[109]Barrett, Scott, and Astrid Dannenberg. Climate negotiations under scientific uncertainty[J]. Proceedings of the National Academy of Sciences, 2012, 109(43): 17372-17376.

[110]Lange, Andreas, et al.. On the self-interested use of equity in international climate negotiations[J]. European Economic Review, 2010, 54(3): 359-375.

[111]Kasa, Sjur, Anne T. Gullberg, Gørild Heggelund. The Group of 77 in the international climate negotiations: recent developments and future directions[J]. International Environmental Agreements: Politics, Law and Economics, 2008, 8(2): 113-127.

[112]Schroeder, Heike, Maxwell T. Boykoff, Laura Spiers. Equity and state representations in climate negotiations[J]. Nature Climate Change, 2012, 2(12): 834-836.

[113]Sengupta, Sandeep. International climate negotiations and India's role[M]. London: Routledge, 2012: 125-141.

[114]Barrett, Scott, Astrid Dannenberg. An experimental investigation

into "pledge and review" in climate negotiations[J]. Climatic Change, 2016, 138(1): 339-351.

[115]Kilian, Bertil, Ole Elgström. Still a green leader? The European Union's role in international climate negotiations[J]. Cooperation and conflict, 2010, 45(3): 255-273.

[116]Rietig, Katharina. The power of strategy: environmental NGO influence in international climate negotiations[J]. Global Governance, 2016: 269-288.

[117]Tietenberg, Thomas. Emissions trading: Principles and practice [M]. London: Routledge, 2010.

[118]Laing, Tim, et al. Assessing the effectiveness of the EU Emissions Trading System[M]. London: Grantham Research Institute on Climate Change and the Environment, 2013.

[119]Jotzo, Frank, Andreas Löschel. Emissions trading in China: Emerging experiences and international lessons[J]. Energy Policy, 2014, 75: 3-8.

[120]Weishaar, Stefan E. Emissions trading design: a critical overview [J]. 2014.

[121]Tietenberg, Thomas H., Tom Tietenberg. Emissions trading, an exercise in reforming pollution policy[M]. Resources for the Future, 1985.

[122]Boyce, James K. Carbon pricing: effectiveness and equity[J]. Ecological Economics, 2018, 150: 52-61.

[123]Ramstein, Celine, et al. State and trends of carbon pricing 2019 [M]. The World Bank, 2019.

[124]Tvinnereim, Endre, Michael Mehling. Carbon pricing and deep decarbonisation[J]. Energy policy, 2018, 121: 185-189.

[125]van den Bergh, Jeroen, and Wouter Botzen. Low-carbon transi-

tion is improbable without carbon pricing[J]. Proceedings of the National Academy of Sciences，2020，117(38)：23219-23220.

[126]Bechtel，Michael M.，Federica Genovese，Kenneth F. Scheve. Interests，norms and support for the provision of global public goods：the case of climate co-operation[J]. British Journal of Political Science，2019，49(4)：1333-1355.

[127]Arriagada，Rodrigo，and Charles Perrings. Paying for international environmental public goods[M]//Values，Payments and Institutions for Ecosystem Management，2013.

[128]Pindyck，Robert S. The climate policy dilemma[M]//Review of Environmental Economics and Policy，2020.

[129]Huitema，Dave，et al. The evaluation of climate policy：theory and emerging practice in Europe[J]. Policy Sciences，2011，44(2)：179-198.

[130]Nordhaus，William. Climate clubs：Overcoming free-riding in international climate policy[J]. American Economic Review，2015，105(4)：1339-1370.

[131]Meckling，Jonas，et al. "Winning coalitions for climate policy[J]. Science，2015，349：1170-1171.

[132]Falkner，Robert，Hannes Stephan，and John Vogler. International climate policy after Copenhagen：Towards a "building blocks" approach[J]. Global Policy，2010，1(3)：252-262.

[133]Loiseau，Eleonore，et al. Green economy and related concepts：An overview[J]. Journal of cleaner production，2016，139：361-371.

[134]Bina，Olivia. The green economy and sustainable development：an uneasy balance? [J]. Environment and Planning C：Government and Policy，2013，31(6)：1023-1047.

[135]Knuth, Sarah. "Breakthroughs" for a green economy? Financialization and clean energy transition[J]. Energy Research & Social Science, 2018, 41: 220-229.

[136]Lichtenberger, Andreas, Joao Paulo Braga, Willi Semmler. Green Bonds for the Transition to a Low-Carbon Economy[J]. Econometrics, 2022, 10(1): 11.

[137]McDonald, Matt. Climate change and security: towards ecological security? [J]. International Theory, 2018, 10(2): 153-180.

[138]Odeyemi, Christo. Conceptualising climate-riskification for analysing climate security[J]. International Social Science Journal, 2021, 71: 77-90.

[139]Schulz, Karsten, and Marian Feist. Leveraging blockchain technology for innovative climate finance under the Green Climate Fund[J]. Earth System Governance, 2021, 7: 100084.

[140]Amighini, Alessia, Paolo Giudici, Joël Ruet. Green finance and "the future of funds" an empirical analysis of the Green Climate Fund portfolio structure[J]. Journal of Cleaner Production, 2022: 131383.

[141]Delbeke, Jos, Peter Vis. A way forward for a carbon border adjustment mechanism by the EU[M]. European University Institute, 2020.

[142]Droege, Susanne, and Maria Panezi. How to design border carbon adjustments[M]. Handbook on Trade Policy and Climate Change. Edward Elgar Publishing, 2022.

后 记

2021 年底，在这本书即将画上句点的时候，来自近两百个国家的两万多名代表奔赴英国名城格拉斯哥，参加第 26 届联合国气候变化大会。在苏格兰盖尔语中，格拉斯哥这一名称的寓意是“亲爱的绿色之地”，洋溢着勃勃生机，给人以憧憬与希望。人们会聚于此，对于能够推动国际应对气候变化合作、开创全球生态文明的美好未来充满期待。

时光荏苒，《巴黎协定》迄今已达成六年多。从巴黎出发，世界各国在实现经济与社会发展向绿色、低碳方向转型方面已经作出许多努力。但是，关于气候变化的“红色警报”依然在鸣响……根据当前各国已有减排承诺与措施，到 2030 年，全球温室气体排放量仍将比 2010 年增加 16%。政府间气候变化专门委员会最新发布的关于全球气候变化的第六次评估报告预测，到本世纪末，除非国际社会携手采取更大幅度减少二氧化碳等温室气体排放量，否则全球平均气温将比工业化进程前升高 2.7℃。换言之，国际社会如果错过当前能够采取更强有力联合行动的“时间窗口”，地球与人类文明终将无可避免地陷入严重的气候灾难。

世界又一次来到了十字路口，是为了人类生存与文明发展抛弃空谈、务实合作，还是有己无人、虚与委蛇，各国不得不作出抉择。我们欣慰地看到，在气候大会上，各方反复折冲樽俎，最终取得比较积极的成果文件。但是，必须看到，有效应对全球气候变化危机仍然面临着任务繁重、道远且艰的局面。特别是，世纪疫情、经济萎靡、地缘冲突等不利因素相互交织、相互激荡，使得深入推进国际气候合作的基础更为脆弱、条件更为复杂。当此之时，各国之间促进相互理解、巩固基本共识、增强政治互信显得尤为重要。正如习近平主席向世界领导人峰会发表书面致辞时所强调的，应对气候变化等全球性挑战，多边主义是良方，期待各方强化行动，携手应对气候变化挑战，合力保护人类共同的地球家园。

应对气候变化是关乎人类社会发展前途命运的全球性议题。如此薄卷当然承载不了太多，但也凝聚了作者的一些观察、思考与见解，希望能对探求破局之道尽些绵力，并借此诚请方家不吝批评、指正。作者定当反躬自省，再求精进。天地不同方觉远，共天无别始知宽。书页上最后一个句号并不意味着结束，而是标志着一段新的思考之旅的开启。

特别感谢首都师范大学出版社的领导和同人的诚挚关切与悉心指导！由衷感谢高立平社长、陈谦副社长、车慧主任、李佳艺编辑等人的无私帮助和辛勤付出！诸位师友的专业素养、敬业态度、奉献精神令人印象深刻、感佩不已！

王瑞彬

2022 年春于北京